FORSCHUNGSBERICHTE
DES LANDES NORDRHEIN-WESTFALEN

Herausgegeben durch das Kultusministerium

Nr. 912

Prof. Dr. rer. techn. Fritz Reutter

Mathematisches Institut an der Technischen Hochschule Aachen

Die nomographische Darstellung von Funktionen einer komplexen Veränderlichen und damit in Zusammenhang stehende Fragen der praktischen Mathematik

Als Manuskript gedruckt

Springer Fachmedien Wiesbaden GmbH

ISBN 978-3-663-06112-0 ISBN 978-3-663-07025-2 (eBook)
DOI 10.1007/978-3-663-07025-2

G l i e d e r u n g

Einleitung

Die großen Fortschritte der technischen Entwicklung zwingen immer mehr dazu, bisher verwendete technische Berechnungsmethoden durch genauere mathematische Verfahren zu ersetzen. Das führt dazu, daß Funktionen, die bisher im wesentlichen von rein mathematischem Interesse waren, sehr an praktischer Bedeutung gewinnen. So sind z.B. in den letzten Jahren an der Technischen Hochschule in Aachen eine Reihe von Arbeiten über Einflußflächen von Platten polygonaler Berandung [1] entstanden, bei denen konforme Abbildungen mit Hilfe Jacobischer elliptischer Funktionen hergestellt werden mußten. Dieselben Funktionen treten u.a. auch auf bei der Berechnung elektrischer Filter und bei zahlreichen zweidimensionalen Problemen der Elektrotechnik, der Strömungslehre und der Elastizitätstheorie, die mit Hilfe der konformen Abbildung eines polygonalen Bereiches auf die Halbebene oder den Einheitskreis behandelt werden. Die Berechnung der zur Konstruktion einer solchen konformen Abbildung benötigten zahlreichen Funktionswerte von elliptischen Funktionen eines komplexen Arguments führt aber auch bei Verwendung der bekannten Tafeln [2] der Jacobischen Funktionen eines reellen Arguments zu einem sehr großen, sich oft über Jahre erstreckenden Rechenaufwand, sofern man sich nicht eines elektronischen Rechenautomaten bedienen kann.

Da aber die Genauigkeitsansprüche in vielen Fällen oft gar nicht so groß sind, liegt der Gedanke nahe, die benötigten Funktionswerte mit Hilfe von Nomogrammen zu bestimmen, sofern diese Funktionen eine solche Darstellung gestatten. Nomogramme sind ein Hilfsmittel zur Rationalisierung der Rechenarbeit bei technisch-wissenschaftlichen Aufgaben, und sie werden dies wohl in einem hierfür geeigneten Anwendungsbereich, in dem sich der Einsatz von elektronischen Maschinen nicht lohnt, auch weiterhin bleiben. Insbesondere kann man sich mit ihrer Hilfe in vielen Fällen den bei technischen Aufgaben so wichtigen Überblick über die Parameterabhängigkeit gewisser Größen verschaffen, deren genauere Berechnung dann nur noch in einem oder wenigen Einzelfällen erforderlich ist. Zudem ermöglicht es gerade der Einsatz elektronischer Rechenautomaten, die nomographischen Hilfsmittel in viel größerem Umfange auszubauen. So können z.B. mit Hilfe dieser raschen und genauen Berechnungsmethode von ein und derselben Funktion zahlreiche, durch projektive Transformationen ineinander überführbare Fluchtliniennomogramme hergestellt werden, von denen jedes in einem anderen Bereich der Veränderlichen besonders genaue Ablesungen erlaubt und besonders fein graduiert ist. Hierzu kommen noch die durch den Einsatz moderner Mittel der Zeichen- und der Reproduktionstechnik gegebenen Möglichkeiten, so daß sich insgesamt eine erhebliche Genauigkeitssteigerung für das Arbeiten mit Nomogrammen ergibt.

Für einzelne Funktionen einer komplexen Veränderlichen, im wesentlichen für die Exponentialfunktion und die trigonometrischen Funktionen, sind Fluchtliniennomogramme mit Hilfe elementarer geometrischer Überlegungen schon vor längerer Zeit angegeben worden [3], [4], [5]. Außerdem ist ein Sammelwerk mit zahlreichen Nomogrammen solcher Funktionen (insbesondere Hyperbelfunktionen und Exponentialfunktion eines komplexen Arguments) bereits in zweiter Auflage erschienen [6].

Im folgenden soll eine zusammenfassende und abschließende Darstellung der Ergebnisse von Untersuchungen über die nomographische Darstellung von Funktionen einer komplexen Veränderlichen gegeben werden. Über einige dieser Ergebnisse wurde bereits in [7] und insbesondere in [8] und [9] berichtet. Daher werden diese Ergebnisse in Kapitel II, IV und V des vorliegenden Berichtes z.T. in gekürzter Form dargestellt, jedoch so, daß sie auch ohne die Lektüre von [7] und [8] verständlich sind. Die Untersuchungen in Kapitel IV sind hier unter allgemeineren Gesichtspunkten als in [8] dargestellt. Darüber hinaus wurden durchweg neue Abbildungen gewählt. In Kapitel I ist ein allgemeiner Weg zur Darstellung einer beliebigen Funktion einer komplexen Veränderlichen angegeben und durch Anwendungsbeispiele sowohl aus dem Bereiche elementarer als auch höherer transzendenter Funktionen belegt. Endlich ist die in Kapitel II dargestellte allgemeine Theorie in Kapitel III auf eine systematische Untersuchung der Nomogramme elementarer Funktionen angewandt, wodurch Ergebnisse gewonnen werden, die erheblich über [3], [4], [5] hinausgehen.

I. Die allgemeine Darstellung einer analystischen Funktion durch ein Nomogramm mit zwei Gleitkurvenscharen

1. Gleitkurvennomogramme für eine Funktion von zwei reellen Veränderlichen

Eine Funktion $u=u(x,y)$ läßt sich stets durch ein Netztafelnomogramm mit zwei (kartesischen) Geradenscharen

$$\xi = x, \qquad \eta = y$$

und einer i.a. krummen Kurvenschar

$$u = u(\xi,\eta) \ ,$$

der Schar der Höhenlinien der Fläche $u=u(x,y)$, darstellen (Abb. 1).

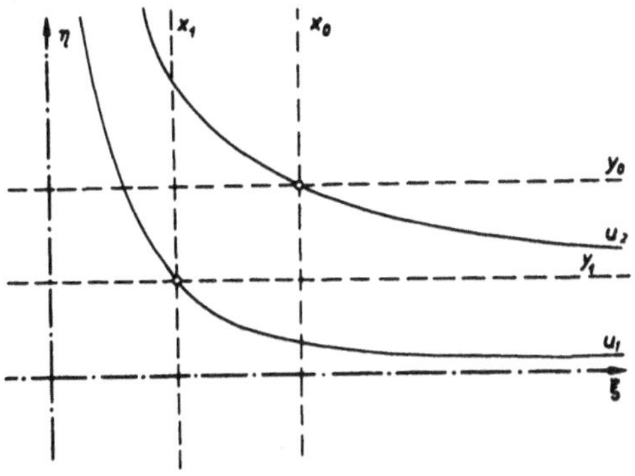

Abbildung 1
Netztafelnomogramm
(schematisch)

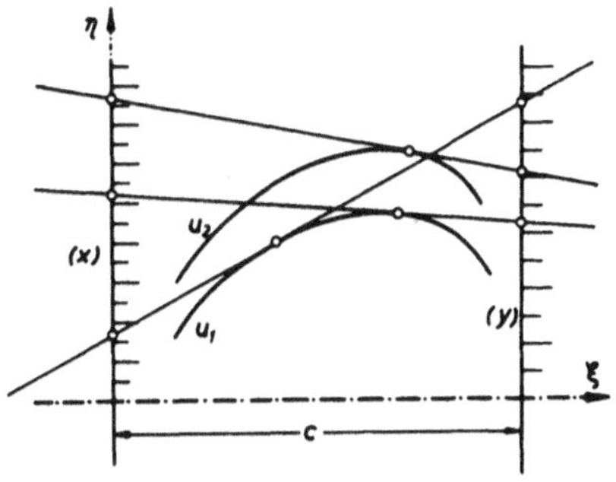

Abbildung 2
Gleitkurvennomogramm
(schematisch)

Durch eine Korrelation (duale Abbildung) entsteht hieraus ein Nomogramm mit zwei geradlinigen Punktskalen (die aus den beiden kartesischen Geradenscharen hervorgehen) und einer Kurvenschar. Eine jede Kurve dieser Schar ist das Hüllgebilde der ∞^1 Geraden, die das duale Abbild der ∞^1 Punkte je einer Kurve der Schar $u=u(\xi,\eta)$ darstellen, d.h. jedem festen Wert von u entspricht auch im dualen Bild je eine Kurve. Je drei durch die funktionale Beziehung $u=u(x,y)$ verknüpfte Werte u,x,y liegen auf einer Ablesegeraden, welche die Tangente an die zugehörige u-Kurve ist. Jede u-Kurve ist die Einhüllende der je ∞^1 Verbindungsgeraden aller Wertepaare x,y, die denselben Wert $u=u(x,y)$ liefern. Daher heißen die u-Kurven auch Gleitkurven, das zugehörige Nomogramm auch Gleitkurvennomogramm (vgl. Abb. 2).

Der Begriff eines Gleitkurvennomogramms ist bereits theoretisch von SCHWERDT in [4] eingeführt, hat aber offenbar nie eine Anwendung gefunden. Jede beliebige Funktion von zwei reellen Veränderlichen, sofern sie nur gewisse Differenzierbarkeitseigenschaften besitzt, läßt sich durch ein Gleitkurvennomogramm mit zwei geraden Skalen und einer Gleitkurvenschar darstellen. Eine Verallgemeinerung besteht darin, an Stelle der geradlinigen Skalen für x und y zwei beliebige Kurven als Träger der Skalen für x und für y anzunehmen.

Bilden die je ∞^1 Geraden für alle u-Werte je ein Strahlenbüschel, so tritt an die Stelle der Gleitkurvenschar eine (i.a. krummlinige) Skala, die u-Skala, und die Funktion läßt sich durch ein Fluchtliniennomogramm darstellen. Die dazu duale Netztafel besteht jetzt aus zwei kartesischen und einer allgemeinen Geradenschar. Die Funktion heißt anamorphosierbar.

2. Gleitkurvennomogramme von Funktionen einer komplexen Veränderlichen

Gegeben sei die analytische Funktion

$$w = w(z)$$

mit

$$w = u + iv, \qquad z = x + iy, \tag{1,1}$$

ihre Umkehrung sei mit $z = z(w)$ bezeichnet. Die Funktionen

$$u = u(x,y) \quad (1,2a) \qquad v = v(x,y) \tag{1,2b}$$

genügen den CAUCHY-RIEMANNschen Differentialgleichungen

$$u_x = v_y, \qquad u_y = -v_x. \tag{1,3}$$

Dann läßt sich nach I,1 für $u = u(x,y)$ und $v = v(x,y)$ je ein Nomogramm mit zwei geradlinigen Leitern für die unabhängigen Veränderlichen x und y und je einer Gleitkurvenschar für die abhängigen Veränderlichen u bzw. v angeben. Die Leitern können ohne Einschränkung der Allgemeinheit parallel angenommen werden, und zwar so, daß sie beiden Nomogrammen gemeinsam angehören. Je zwei Wertepaare x,y und u,v, die durch (1,1) verknüpft sind, liegen auf einer Ablesegeraden, die je eine u- und eine v-Kurve berührt und die Skalenpunkte x und y verbindet.

Haben die Skalen für x und y die Darstellung

$$\xi = 0, \qquad \eta = g_1(x), \qquad \xi = c, \qquad \eta = g_2(y) \; , \tag{1,4}$$

so gilt für das in Abbildung 3 angegebene Koordinatensystem ξ, η folgende Gleichung der Ablesegeraden:

$$F(\xi,\eta,x,y) \equiv \eta - \frac{g_2-g_1}{c}\,\xi - g_1 = 0 \; . \tag{1,5}$$

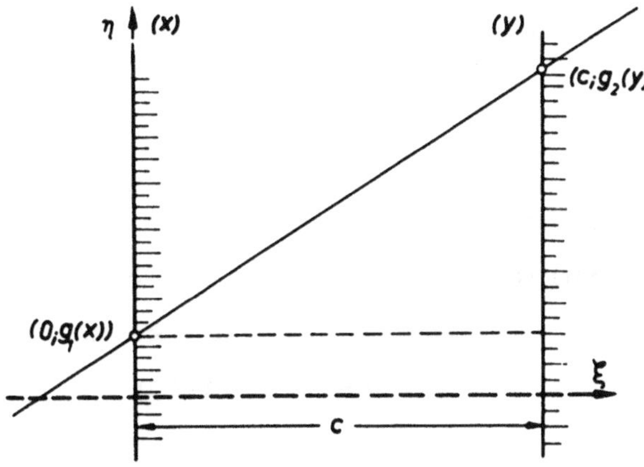

A b b i l d u n g 3

Zur Gleichung der Ablesegeraden

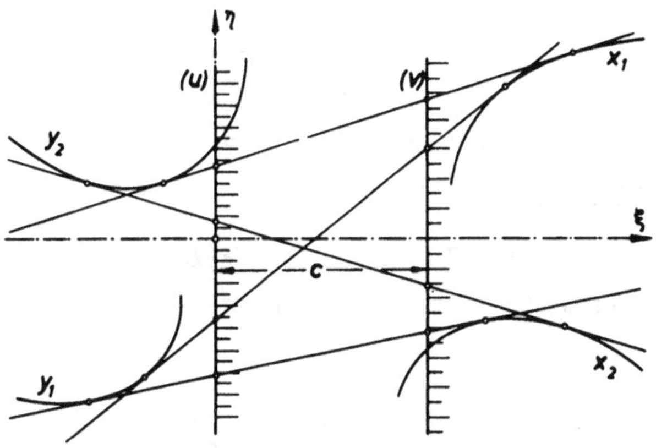

A b b i l d u n g 4

Gleitkurvennomogramm eines Funktionensystems

Hieraus erhält man für die Gleichung ihrer Hüllkurven

$$u = \text{const} \qquad \text{bzw.} \qquad v = \text{const}$$

und damit für die Parameterdarstellung der beiden Gleitkurvenscharen unter Berücksichtigung von (1,3):

$$\left.\begin{aligned} \xi &= c\,\frac{g_1' u_y}{g_1' u_y + g_2' u_x} \\ \eta &= \frac{g_1' u_y}{g_1' u_y + g_2' u_x}\,(g_2-g_1)+g_1 = \frac{g_1' g_2 u_y + g_1 g_2' u_x}{g_1' u_y + g_2' u_x} \end{aligned}\right\} \quad \text{(u-Schar)}, \tag{1,6}$$

$$\left.\begin{aligned}\xi &= c\,\frac{g_1' u_x}{g_1' u_x - g_2' u_y}\\ \eta &= \frac{g_1' u_x}{g_1' u_x - g_2' u_y}(g_2-g_1)+g_1 = \frac{g_1' g_2 u_x - g_1 g_2' u_y}{g_1' u_x - g_2' u_y}\end{aligned}\right\}\ (v\text{-Schar}), \qquad (1{,}7)$$

wobei in (1,6) $g_1 = g_1(x)$, $g_2 = g_2(y(u,x))$ bzw.
$g_1 = g_1(x(u,y))$ $g_2 = g_2(y)$
in (1,7) $g_1 = g_1(x)$, $g_2 = g_2(y(v,x))$ bzw.
$g_1 = g_1(x(v,y))$, $g_2 = g_2(v)$.

Für jeden festen Wert von u in (1,6) bzw. v in (1,7) erhält man je eine Gleitkurve der u-Schar in (1,6), der v-Schar in (1,7) mit x bzw. y als Parameter zur Darstellung der einzelnen Kurve. Dabei dürfen für $g_1(x)$ und $g_2(y)$ solche wenigstens einmal differenzierbare Funktionen gewählt werden, die nicht einer der beiden folgenden Gleichungen genügen:

$$g_1' u_y + g_2' u_x = 0\ , \qquad g_1' u_x - g_2' u_y = 0\ .$$

Die Konstruktion eines solchen Gleitkurvennomogramms setzt voraus, daß die Auflösung von (1,2) nach y bzw. x wenigstens punktweise numerisch möglich ist.

Wegen der Schwierigkeit dieser Auflösung lassen sich Gleitkurvennomogramme dieser Art in den meisten Fällen praktisch kaum konstruieren. Man gelangt dagegen zu Gleitkurvennomogrammen, die für alle Funktionen mit bekannter Zerlegung in Real- und Imaginärteil u und v herstellbar sind, wenn man für u und v geradlinige Leitern, für x und y die Gleitkurvenscharen annimmt. Derartige Gleitkurvennomogramme lassen sich durch den einfachen Kunstgriff, als Parameter der Schar x = const die y-Werte, als Parameter der Schar y = const die x-Werte anzunehmen, stets in einfacher Weise angeben. Denn die Gesamtheit der Tangenten einer Kurve x = const berührt nacheinander sämtliche Kurven y = const eines gewissen y-Bereiches und umgekehrt (Abb. 4).

Die Parameterdarstellungen der Skalen für u und v seien:

$$\xi = 0, \qquad \eta = g_1(u), \qquad \xi = c, \qquad \eta = g_2(v)\ . \qquad (1{,}8)$$

Für die Parameterdarstellung der Gleitkurvenscharen ergibt sich:

$$\left.\begin{aligned} \xi &= f_3(x,y) = c\,\frac{g_1'\,u_y}{g_1'u_y-g_2'u_x} \\ \eta &= g_3(x,y) = \frac{f_3}{c}\,(g_2-g_1)+g_1 = \frac{g_1'g_2u_y-g_1g_2'u_x}{g_1'u_y-g_2'u_x} \end{aligned}\right\}\ (x\text{-Schar}), \qquad (1,9)$$

$$\left.\begin{aligned} \xi &= f_4(x,y) = c\,\frac{g_1'\,u_x}{g_1'u_x+g_2'u_y} \\ \eta &= g_4(x,y) = \frac{f_4}{c}\,(g_2-g_1)+g_1 = \frac{g_1'g_2u_x+g_1g_2'u_y}{g_1'u_x+g_2'u_y} \end{aligned}\right\}\ (y\text{-Schar})\ . \qquad (1,10)$$

Die Funktionen $g_1(u)$, $g_2(v)$ sind frei wählbar mit der Einschränkung, daß sie nicht einen der Nenner in (1,9), (1,10) zu Null machen. Je vier zusammengehörige Punkte x,y und u,v liegen auf einer Ablesegeraden, welche die Skalenpunkte u,v verbindet und die x- und die y-Kurve berührt. Bei der Berechnung des Nomogramms erhält man die Berührpunkte auf den Kurven und die zugehörigen Skalenpunkte. Man trägt die errechneten Werte $g_1, g_2, f_3, g_3, f_4, g_4$ in einem Schema mit doppeltem Eingang ein, dessen horizontale bzw. vertikale Reihen nach y bzw. x mit der Schrittweite Δy bzw. Δx beziffert sind, so daß die Koordinatenwerte je einer Kurve x = const in einer Spalte, je einer Kurve y = const in einer Zeile des Schemas erscheinen.

Da auf diese Weise die Punkte der Kurven y = const (bzw. x = const) nach x (bzw. y) beziffert werden können, würde es sogar genügen, nur eine der beiden Gleitkurvenscharen anzugeben. Die zum Wertepaar x,y gehörige Ablesegerade ist dann die Tangente der Kurve y = const (bzw. x = const) im Punkte x (bzw. y). Wegen der Schwierigkeit, Tangenten an beliebige Kurven zuverlässig zu zeichnen, empfiehlt sich aber meist doch die Verwendung beider Gleitkurvenscharen, wie sie auch in den Beispielen unter 3 angegeben sind.

Wegen der späteren Gewinnung der Fluchtliniennomogramme als Ausartungsfälle von Gleitkurvennomogrammen (Kap. II) ist die Verallgemeinerung auf zwei beliebige (krumme) Kurven als Träger der Skalen für u und v wesentlich. Die beiden Skalenträger seien zwei Kurven C_1 und C_2 mit den Parameterdarstellungen

$$(C_1) \quad \begin{aligned} \xi &= f_1(u) \\ \eta &= g_1(u) \end{aligned} \qquad (C_2) \quad \begin{aligned} \xi &= f_2(v) \\ \eta &= g_2(v) \end{aligned} \quad . \qquad (1,11)$$

Die Parameterdarstellung der Gleitkurvenscharen wird dann

$$\xi = f_3(x,y) = \frac{f_1[f_2'(g_2-g_1)+g_2'(f_1-f_2)]u_x - f_2[f_1'(g_2-g_1)+g_1'(f_1-f_2)]u_y}{[f_2'(g_2-g_1)+g_2'(f_1-f_2)]u_x - [f_1'(g_2-g_1)+g_1'(f_1-f_2)]u_y}$$

$$\eta = g_3(x,y) = \frac{g_1[f_2'(g_2-g_1)+g_2'(f_1-f_2)]u_x - g_2[f_1'(g_2-g_1)+g_1'(f_1-f_2)]u_y}{[f_2'(g_2-g_1)+g_2'(f_1-f_2)]u_x - [f_1'(g_2-g_1)+g_1'(f_1-f_2)]u_y} \qquad (1,12)$$

$$\xi = f_4(x,y) = \frac{f_2[f_1'(g_2-g_1)+g_1'(f_1-f_2)]u_x + f_1[f_2'(g_2-g_1)+g_2'(f_1-f_2)]u_y}{[f_1'(g_2-g_1)+g_1'(f_1-f_2)]u_x + [f_2'(g_2-g_1)+g_2'(f_1-f_2)]u_y}$$

$$\eta = g_4(x,y) = \frac{g_2[f_1'(g_2-g_1)+g_1'(f_1-f_2)]u_x + g_1[f_2'(g_2-g_1)+g_2'(f_1-f_2)]u_y}{[f_1'(g_2-g_1)+g_1'(f_1-f_2)]u_x + [f_2'(g_2-g_1)+g_2'(f_1-f_2)]u_y} \quad . \qquad (1,13)$$

In (1,12) und (1,13) sind $f_1(u)$, $g_1(u)$, $f_2(v)$, $g_2(v)$ frei wählbar mit der Einschränkung, daß sie nicht den Nenner von (1,12) oder (1,13) zu Null machen.

Den Gleitkurvennomogrammen kommt eine wesentliche theoretische Bedeutung zu, insofern, als aus ihnen als Sonderfall Nomogramme mit vier Punktskalen gewonnen werden können. Dann soll die Funktion $w = w(z)$ "anamorphosierbar" heißen.

3. Beispiele zu 2

a) Elementare Funktionen

1. $$w = z^3 \qquad (1,14)$$

α) Geradlinige Leitern für x und y, Gleitkurvenscharen für u und v.

Wählt man $g_1(x) = \frac{x^2}{3}$, $g_2(y) = y^2$, so lassen sich die Gleichungen der beiden Kurvenscharen für u und v explizit angeben. Man erhält nach (1,6) und (1,7):

$$\eta = \left[\frac{u^2}{4}\left(\frac{\xi}{c}\right)^2\right]^{1/3} \qquad \text{(u-Schar)}$$

$$\eta = \frac{1}{3}\left[\frac{v^2}{4}\left(\frac{\xi}{c}-1\right)^2\left(\frac{8\xi}{c}+1\right)\right]^{1/3} \qquad \text{(v-Schar)} \quad . \tag{1,15}$$

Abbildung 5 zeigt einen Ausschnitt aus einem solchen Gleitkurvennomogramm. Alle Kurven der v-Schar haben Nullstellen bei $\frac{\xi}{c} = -\frac{1}{8}$, $\frac{\xi}{c} = 1$ (hier liegt zugleich eine Spitze vor) und ein Maximum bei $\frac{\xi}{c} = \frac{1}{4}$. Es sind zwei Ablesebeispiele eingezeichnet. Zu einem vorgegebenen Wert $w = u + iv$ gehören jeweils drei Werte $z_k = x_k + iy_k$, $k=1,2,3$. Das zeigt sich in der geometrischen Darstellung dadurch, daß ein gegebenes Kurvenpaar u,v jeweils drei gemeinsame Tangenten als Ablesegeraden besitzt. Alle Ablesungen sind insofern doppeldeutig, als neben den angeschriebenen Bezifferungswerten an den Skalen für x und für y und den angeschriebenen Parameterwerten zu den Gleitkurvenscharen für u und für v auch die Werte -x, -y, -u, -v gleichberechtigt auftreten. Welche Vorzeichenkombination bei der einzelnen Ablesung auszuwählen ist, wird durch die Einsetzungsprobe geregelt.

β) Geradlinige Leitern für u und v, Gleitkurvenscharen für x und y.

Wählt man $g_1(u) = u$, $g_2(v) = v$, so erhält man nach (1,9) und (1,10) für die beiden Gleitkurvenscharen (Abb. 6) die Parameterdarstellungen:

$$\xi = f_3(x,y) = c\,\frac{2xy}{x^2-y^2+2xy}$$

$$\eta = g_3(x,y) = \frac{x(x^2+y^2)^2}{x^2-y^2+2xy} \qquad \text{(x-Schar)} \tag{1,16}$$

$$\xi = f_4(x,y) = c\,\frac{x^2-y^2}{x^2-y^2-2xy}$$

$$\eta = g_4(x,y) = \frac{y(x^2+y^2)^2}{x^2-y^2-2xy} \quad . \qquad \text{(y-Schar)} \tag{1,17}$$

In Abbildung 6 sind wiederum zwei Ablesebeispiele eingetragen. Zu gegebenem $w = u + iv$ gehört eine Ablesegerade. Sie berührt drei Kurven x = const und drei Kurven y = const, wobei sich die Zusammensetzung der drei Werte x und der drei Werte y zu drei Werten z_1, z_2, z_3 daraus ergibt, daß die Tangente einer Kurve y = const diese in dem Punkt berührt, der nach dem zugehörigen y beziffert ist und umgekehrt. Im Gegensatz zu Abbildung 5 tragen sowohl die Skalenpunkte für u und v als auch die Kurven der beiden Gleitkurvenscharen nur je einen Wert u,v,x,y. Zur Einzeichnung der Ablesebeispiele mußten neben den Gleitkurven mit ganzzahligen Werten x bzw. y auch Stücke von Kurven mit "unglatten" Werten eingezeichnet werden. Diese wurden, um das Bild nicht zu unübersichtlich zu gestalten, nur, soweit sie zur Ablesung benötigt wurden, angegeben. Die Kurven der Schar x = const sind hier, wie auch in den Abbildungen 7, 8 und 9, durchgezogen, die der Schar y = const sind gestrichelt. Eine Interpolation zwischen je zwei Kurven für x und für y ist nur sehr grob ausführbar.

2. $$w = z^2 + az, \qquad a = \pm 1 \tag{1,18}$$

Wählt man wieder $g_1(u) = u$, $g_2(v) = v$, so erhält man nach (1,9) und (1,10) für die beiden Gleitkurvenscharen (Abb. 7) die Parameterdarstellungen:

$$\begin{aligned} \xi &= f_3(x,y) = c\,\frac{2y}{2y+2x\pm 1} \\ \eta &= g_3(x,y) = \frac{2x(x^2+y^2)\pm y^2\pm 3x^2+x}{2y+2x\pm 1} \end{aligned} \qquad \text{(x-Schar)} \tag{1,19}$$

$$\begin{aligned} \xi &= f_4(x,y) = c\,\frac{2x\pm 1}{2x\pm 1-2y} \\ \eta &= g_4(x,y) = \frac{2y(x^2+y^2)\pm 2xy+y}{2x\pm 1-2y}. \end{aligned} \qquad \text{(y-Schar)} \tag{1,20}$$

Abbildung 7 zeigt ein solches Gleitkurvennomogramm für a = + 1 und a = - 1. Je eine zu a = + 1 gehörige und eine zu a = - 1 gehörige Kurve aus der Schar x = const bzw. y = const fallen zusammen. Zu gegebenem w gehören bei festem a zwei Werte z. Eine durch w = u + iv festgelegte Ablesegerade berührt je eine Kurve der x-Schar und eine Kurve der y-Schar. Jedoch sind zu gegebenem a alle Kurven der x-Schar und alle Kurven der y-Schar sowohl nach dem Scharparameter als auch nach dem Parameter des Berührpunktes der Ablesegeraden zweifach beziffert, wie sich aus (1,19), (1,20) ergibt. Die Zusammengehörigkeit der Bezifferungen ist aus der in Abbildung 7 angegebenen Anweisung zu entnehmen. Aus Gründen der Übersichtlichkeit sind jeweils nur Stücke von Gleitkurven eingezeichnet; da die Funktion durch ein Fluchtliniennomogramm (Abb. 10 und 11) darstellbar ist, dient die Abbildung weniger zu Ablesungen als zur Demonstration des Prinzips eines Gleitkurvennomogramms. Man erkennt hieran besonders deutlich, wie die Tangenten einer Kurve $x = const$ bzw. $y = const$ nacheinander die Kurven der Schar $y = const$ bzw. $x = const$ berühren. Es sind drei Ablesebeispiele eingezeichnet. Beispiel 3 zeigt, wie zu einem vorgegebenen Wert w zwei Werte z_1, z_2 gehören. Eine durch $w = u + iv$ festgelegte Ablesegerade (Beispiel 3) berührt nur eine x- und eine y-Kurve, die Doppeldeutigkeit der Ablesung ergibt sich aus der oben gekennzeichneten doppelten Bezifferung der Kurven, die die Werte bereits in der richtigen Zusammengehörigkeit liefert.

b) Transzendente Funktionen

1. $$w = \mathrm{am}(z,k^2) \qquad (1,21)$$

Es werden gewählt $g_1(u) = 1 - 2u^2$, $g_2(v) = 1 + 2v^2$.

Eine Begründung für diese Wahl wird in IV,3 gegeben. Zum Einsetzen in (1,9) und (1,10) werden u_x und u_y benötigt.
Es ist

$$\sin w = \mathrm{sn}(z,k^2) \qquad \text{und daher}$$

$$\sin u \cosh v = \frac{\mathrm{sn}(x,k^2)\mathrm{dn}(y,k'^2)}{1-\mathrm{dn}^2(x,k^2)\mathrm{sn}^2(y,k'^2)} \qquad (1,22)$$

$$\cos u \sinh v = \frac{\mathrm{cn}(x,k^2)\mathrm{dn}(x,k^2)\mathrm{sn}(y,k'^2)\mathrm{cn}(y,k'^2)}{1-\mathrm{dn}^2(x,k^2)\mathrm{sn}^2(y,k'^2)} \quad . \qquad (1,23)$$

Differenziert man (1,22) und (1,23) nach x bzw. y und beachtet (1,3), so erhält man ein System von zwei linearen Gleichungen für u_x und u_y. Daraus findet man mit den Abkürzungen

$$A = \frac{\mathrm{dn}(y,k'^2)}{\mathrm{sn}(y,k'^2)\mathrm{cn}(y,k'^2)} \cdot \frac{1-k^2\mathrm{sn}^4(x,k^2)}{\mathrm{cn}^2(x,k^2)\mathrm{dn}^2(x,k^2)} \qquad (1,24a)$$

$$B = \frac{\mathrm{sn}(x,k^2)}{\mathrm{cn}(x,k^2)\mathrm{dn}(x,k^2)} \cdot \frac{\mathrm{sn}^2(y,k'^2)\mathrm{dn}^2(y,k'^2)-\mathrm{cn}^2(y,k'^2)}{\mathrm{sn}^2(y,k'^2)\mathrm{cn}^2(y,k'^2)} \qquad (1,24b)$$

die Werte

$$u_x = \frac{A \sinh 2v - B \sin 2u}{\dfrac{\sinh^2 2v + \sin^2 2u}{2\cos^2 u \sinh^2 v}} \tag{1,25}$$

$$u_y = \frac{A \sin 2u + B \sinh 2v}{\dfrac{\sinh^2 2v + \sin^2 2u}{2\cos^2 u \sinh^2 v}} \; . \tag{1,26}$$

Aus (1,22) und (1,23) erhält man:

$$\begin{aligned} \sin 2u &= 2\,\frac{sn(x,k^2)\,cn(x,k^2)\,cn(y,k'^2)\,dn(y,k'^2)}{1-dn^2(x,k^2)\,sn^2(y,k'^2)} \,, \\ \sinh 2v &= 2\,\frac{dn(x,k^2)\,sn(y,k'^2)}{1-dn^2(x,k^2)\,sn^2(y,k'^2)} \,; \end{aligned} \tag{1,27}$$

$$\begin{aligned} u &= \arcsin \frac{sn(x,k^2)\,dn(y,k'^2)}{\sqrt{1-dn^2(x,k^2)\,sn^2(y,k'^2)}} \,, \\ v &= \frac{1}{2}\, \operatorname{arc\,sinh} 2\,\frac{dn(x,k^2)\,sn(y,k'^2)}{1-dn^2(x,k^2)\,sn^2(y,k'^2)} \,. \end{aligned} \tag{1,28}$$

Die Werte (1,25) - (1,28) sind schließlich in (1,9) und (1,10) einzusetzen:

$$\begin{aligned} \xi = f_3(x,y) &= c\,\frac{u(A \sin 2u + B \sinh 2v)}{u(A \sin 2u + B \sinh 2v) + v(A \sinh 2v - B \sin 2u)} \\ \eta = g_3(x,y) &= \frac{2f_3}{c}(u^2 + v^2) + 1 - 2u^2 \,, \end{aligned} \quad \text{(x-Schar)} \tag{1,29}$$

$$\begin{aligned} \xi = f_4(x,y) &= c\,\frac{u(A \sinh 2v - B \sin 2u)}{u(A \sinh 2v - B \sin 2u) - v(A \sin 2u + B \sinh 2v)} \\ \eta = g_4(x,y) &= \frac{2f_4}{c}(u^2 + v^2) + 1 - 2u^2 \,. \end{aligned} \quad \text{(y-Schar)} \tag{1,30}$$

Zur Berechnung einer Kurve der x-Schar ist in (1,29) x = const zu setzen und y in einem geeigneten Wertebereich zu variieren. Berechnet man aus (1,28) die jeweils zugehörigen Werte u,v, so hat man eine Tangente der Kurve x = const samt Berührpunkt bestimmt. Der Berührpunkt derselben Tangente mit einer Kurve der y-Schar ergibt sich bei gleichen Schrittweiten $\Delta x = \Delta y$ von selbst bei der Berechnung der y-Schar.

Abbildung 8 zeigt ein solches Nomogramm der Funktion (1,21) für $k^2 = 0{,}5$. Die Kurven $x = 0$, $y = 0$, $x = K(k^2)$, $y = K'(k^2)$ sind, wie man durch geeignete Grenzübergänge in (1,29), (1,30) nachweist, in Punkte auf den Trägern der u- bzw. v-Skala entartet, und zwar fällt $x = 0$ auf $u = 0$, $x = K(k^2)$ und $y = K'(k^2)$ auf $u = \frac{\pi}{2}$, $y = 0$ auf $v = 0$. Alle Kurven x = const verlaufen in dem endlichen Bereich zwischen der u- und der v-Skala, und zwar so, daß alle Punkte mit dem Parameterwert $y = K'(k^2)$ auf die v-Skala fallen. Ihre Tangenten haben den Punkt $y=K'(k^2)$ als Ausartung der Kurve $y = K'(k^2)$ gemeinsam. Die Verbindungskurve aller Punkte mit dem Parameterwert $y = 0$ auf den Kurven der x-Schar ist eingezeichnet. Die Tangente an eine beliebige x-Kurve im Punkte $y = 0$ verläuft durch $y = v = 0$. Alle Kurven der y-Schar liegen außerhalb des von den x-Kurven erfüllten Bereichs. Sie haben mit der v-Skala die Punkte mit dem Parameterwert $x = K(k^2)$ gemeinsam. Die Tangente an eine beliebige y-Kurve im Punkte $x = \frac{\pi}{2}$ verläuft durch $u = \frac{\pi}{2}$. Die Skalen für u und v tragen neben der angeschriebenen Bezifferung +u, +v auch die Bezifferung -u, -v. Dies führt zu einer Mehrdeutigkeit der Ablesungen, wie sie auch bei den Fluchtliniennomogrammen für $w = \mathrm{am}(z,k^2)$ auftritt und in VI, 1 und Tabelle 3 diskutiert ist. Die Ablesungen bleiben jedoch eindeutig, sofern man sich auf die angeschriebenen Bezifferungswerte x,y und $u > 0$, $v > 0$ beschränkt. Weiteres über Abbildung 8 siehe IV,3.

Es ist nicht notwendig, für $w = \mathrm{am}(z,k^2)$ ein im praktischen Gebrauch umständlich zu handhabendes Gleitkurvennomogramm anzulegen, da dieselbe Funktion auch durch ein Fluchtliniennomogramm darstellbar ist. Für die Funktion $w = \mathrm{am}(z,k^2)$ werden in IV,3 eine Reihe von Fluchtliniennomogrammen angegeben, darunter auch ein Nomogramm, das sich als Ausartungsfall von Abbildung 8 ergibt (Abb. 27).

2. Die Weierstraß'sche ζ-Funktion

Diese Funktion ist definiert durch

$$w = \zeta(z;g_2,g_3) = -\int \wp(z;g_2,g_3)dz\ , \qquad (1,31)$$

wo $\wp(z;g_2,g_3)$ die Weierstraß'sche $\wp$-Funktion mit den Invarianten g_2, g_3 bezeichnet. Es gilt

$$w = \zeta(x)+\zeta(iy) + \frac{1}{2}\frac{\wp'(x)-\wp'(iy)}{\wp(x)-\wp(iy)}, \tag{1,32}$$

wobei $\zeta(x) = \zeta(x;g_2,g_3)$, $\wp(x) = \wp(x;\, g_2,g_3)$,

$\wp'(x) = \wp'(x;\, g_2,g_3)$.

Mit den Abkürzungen

$\zeta_-(y) = \zeta(y;g_2,-g_3)$, $\wp_-(y) = \wp(y;g_2,-g_3)$,

$\wp_-'(y) = \wp'(y;g_2,-g_3)$

wird dann:

$$\begin{aligned} u &= \zeta(x) + \frac{1}{2}\frac{\wp'(x)}{\wp(x)+\wp_-(y)} \\ v &= -\zeta(y) - \frac{1}{2}\frac{\wp_-'(y)}{\wp(x)+\wp_-(y)} \end{aligned} \tag{1,33}$$

und daher

$$\begin{aligned} u_x &= -\wp(x) + \frac{1}{2}\frac{2\wp^3(x)+\frac{g_2}{2}\wp(x)+6\wp^2(x)\wp_-(y) - \frac{g_2}{2}\wp_-(y)+g_3}{(\wp(x)+\wp_-(y))^2} \\ u_y &= -\frac{1}{2}\frac{\wp'(x)\,\wp_-'(y)}{(\wp(x)+\wp_-(y))^2} \quad . \end{aligned} \tag{1,34}$$

Es werde $g_1(u) = u$, $g_2(v) = v$ gewählt. Dann gewinnt man durch Einsetzen von (1,33) und (1,34) in (1,9) und (1,10) die Parameterdarstellung der Gleitkurvenscharen für x und y. Die auftretenden Werte der reellen $\wp$-Funktion und der ζ-Funktion berechnet man mit Hilfe der bekannten Reihenentwicklungen; $\wp(x)$, $\wp_-(y)$ kann auch mit Hilfe von JACOBI-Funktionen berechnet werden.

In Abbildung 9 ist ein Gleitkurvennomogramm für den Fall $g_2 = 1$, $g_3 = 0$ dargestellt. Es sind zwei Ablesebeispiele eingezeichnet. Die Ablesungen bleiben eindeutig, so lange man sich auf die angeschriebenen Bezifferungen x,y beschränkt. Die Kurven, die zu $x = 0$ und $x = \omega_1$ bzw. $y = 0$ sowie $y = |\omega_3|$ gehören, entarten jeweils in einen Punkt der u- bzw. v-Skala; $x = 0$ fällt auf $u = 0$, $y = 0$ fällt auf $v = 0$ (ω_1 und ω_3 bezeichnen die primitiven Perioden der $\wp$-Funktion mit $\frac{\omega_3}{\omega_1} = i$.) Für alle Kurven $x = \text{const}$ liegen die Punkte mit dem Parameter $y = 0$ und $y = |\omega_3|$ auf der u-Skala. Analog liegen für die Kurven $y = \text{const}$ alle Punkte mit den Parameterwerten $x = 0$ und $x = \omega_1$ auf der v-Skala. Daraus ergibt sich, daß in den Punkten, die die Kurven der x-Schar mit dem Träger der u-Skala gemeinsam haben, alle Tangenten dieser Schar durch einen der beiden Punkte $y = 0$, $y = |\omega_3|$ auf dem Träger der v-Skala verlaufen. Eine entsprechende Aussage ergibt sich für die Kurven der y-Schar in den Punkten $x = 0$, $x = \omega_1$.

Da die Funktion (1,31) nicht durch ein Fluchtliniennomogramm darstellbar ist, wie sich aus II ergibt, ist ein Gleitkurvennomogramm die einzige Möglichkeit einer nomographischen Darstellung.

II. Anamorphosierbare analytische Funktionen

1. Darstellbarkeit einer analytischen Funktion durch Fluchtliniennomogramme mit vier i.a. krummlinigen Punktskalen als Ausartungsfälle von Gleitkurvennomogrammen

Bezeichnet

$$z = z(w) = x(u,v) + iy(u,v) \qquad (2,1)$$

die Umkehrung von (1,1), so gelten mit (1,3) auch die CAUCHY-RIEMANNschen Differentialgleichungen

$$x_u = y_v, \qquad x_v = -y_u, \qquad (2,1a)$$

und es gelten ferner die Beziehungen:

$$u_x = \frac{y_v}{D}, \qquad u_y = -\frac{x_v}{D}$$
$$v_x = \frac{-y_u}{D}, \qquad v_y = \frac{x_u}{D} \qquad (2,2)$$

mit $D = x_u y_v - x_v y_u \neq 0$.

Damit ein Gleitkurvennomogramm für die Funktion $w = w(z)$ in ein Fluchtliniennomogramm übergeht, muß die Tangentenmannigfaltigkeit jeder Gleitkurve $x = \text{const}$ bzw. $y = \text{const}$ in ein Strahlenbüschel entarten. Dabei ist der geometrische Ort der Strahlenbüschelmittelpunkte eine nach x bzw. y bezifferte Kurve. Alle Ablesegeraden, die zu demselben Wert $x = \text{const}$ bzw. $y = \text{const}$ gehören, müssen jetzt durch denselben Punkt gehen, statt eine Kurve zu umhüllen. Entsprechendes gilt für die zu $y = \text{const}$ gehörenden Ablesegeraden. Dann dürfen in (1,12) f_3, g_3 nur noch von x, in (1,13) f_4, g_4 nur noch von y abhängen. Durch Aufstellen dieser Bedingungen und anschließende Umformungen gewinnt man die Beziehungen:

$$\begin{aligned} u_x^2 v_x p - u_x v_x^2 q &= u_x v_{xx} - v_x u_{xx} \\ u_y^2 v_y p - u_y v_y^2 q &= u_y v_{yy} - v_y u_{yy} \quad . \end{aligned} \tag{2,3}$$

Hierbei bedeuten p und q folgende Abkürzungen:

$$\begin{aligned} p(u,v) &= \frac{f_1''(g_2-g_1)+g_1''(f_1-f_2)}{f_1'(g_2-g_1)+g_1'(f_1-f_2)} - 2\,\frac{f_1'g_2' - f_2'g_1'}{f_2'(g_2-g_1)+g_2'(f_1-f_2)} , \\ q(u,v) &= \frac{f_2''(g_2-g_1)+g_2''(f_1-f_2)}{f_2'(g_2-g_1) + g_2'(f_1-f_2)} - 2\,\frac{f_1'g_2' - f_2'g_1'}{f_1'(g_2-g_1)+g_1'(f_1-f_2)} . \end{aligned} \tag{2,4}$$

Löst man das System (2,3) nach p und q auf und benutzt (2,2), so erhält man:

$$\begin{aligned} p(u,v) &= \frac{y_{uu}y_v(-3y_u^2+y_v^2)+y_{uv}y_u(y_u^2-3y_v^2)}{y_u y_v (y_u^2+y_v^2)} = \Phi(u,v) \\ q(u,v) &= \frac{y_{uu}y_u(-y_u^2+3y_v^2)+y_{uv}y_v(-3y_u^2+y_v^2)}{y_u y_v (y_u^2+y_v^2)} = \Psi(u,v) \end{aligned} \tag{2,5}$$

oder, wenn $\bar{z} = x(u,v) - iy(u,v)$ und $z' = \frac{dz}{dw}$

$$\begin{aligned} \Phi &= -2\,\frac{z'^3\bar{z}''-\bar{z}'^3 z''}{z'\bar{z}'(z'^2-\bar{z}'^2)} \\ \Psi &= 2i\,\frac{z'^3\bar{z}''+\bar{z}'^3 z''}{z'\bar{z}'(z'^2-\bar{z}'^2)} \quad . \end{aligned} \tag{2,6}$$

Aus der Definition (24) folgen die Beziehungen:

$$\begin{aligned} p_{vv} + 2q_{uv} &= q(p_v+2q_u) \\ 2p_{uv} + q_{uu} &= p(2p_v+q_u) \quad . \end{aligned} \tag{2,7}$$

Daher gilt weiterhin:

$$\Phi_{vv} + 2\Psi_{uv} = \Psi\,(\Phi_v + 2\Psi_u)$$

$$2\Phi_{uv} + \Psi_{uu} = \Phi(2\Phi_v + \Psi_u) \,. \qquad (2,8)$$

Schließlich folgt aus (2,6)

$$\Phi_v = \Psi_u \,. \qquad (2,9)$$

Setzt man (2,9) in (2,8) ein, so ergeben sich die Gleichungen

$$\Phi\Phi_v = \Phi_{uv}$$

$$\Psi\Psi_u = \Psi_{uv} \qquad (2,10)$$

als notwendige und hinreichende Bedingungen für die Darstellbarkeit der Funktion $w=w(z)$ durch ein Fluchtliniennomogramm.

Das duale Abbild eines Fluchtliniennomogramms ist ein Netztafelnomogramm mit vier Geradenscharen, von denen je eine nach x bzw. y bzw. u bzw. v beziffert ist. Nun läßt sich zeigen (s. [13], S. 247): Eine topologische Abbildung, die vier Geradenscharen in vier Geradenscharen überführt, ist sicher projektiv.

Daraus läßt sich unabhängig von II,2 folgern: Alle Fluchtliniennomogramme einer analytischen Funktion sind projektiv äquivalent.

Allgemeiner gilt auch für zwei Funktionen

$$u = u(x,y) \,, \qquad v = v(x,y) \,, \qquad (2,10a)$$

die nicht den Bedingungen (1,3) bzw. (2,1a) unterworfen sind:
Alle Fluchtliniennomogramme eines Funktionensystems (2,10a) sind projektiv äquivalent (s. hierzu auch [14], ein von [13] unabhängiger neuer Beweis wird in [15] gegeben).

Bei den Entwicklungen sind die Skalen für u und v als krummlinige Punktskalen angesetzt worden, während die x- und die y-Skala erst als Ausartungen von zwei Gleitkurvenscharen zu Punktskalen werden. Da aber die vier Skalen ein- und desselben Fluchtliniennomogramms gleichberechtigt sind, können auch die Skalen für x und y als krummlinige Punktskalen angenommen werden. Dann treten an Stelle von $\Phi(u,v)$, $\Psi(u,v)$ die neuen Größen $\tilde{\Phi}(x,y)$, $\tilde{\Psi}(x,y)$, die man aus (2,3) durch die Vertauschung $u \longleftrightarrow x$, $v \longleftrightarrow y$ unter Benutzung von (1,3) erhält. An Stelle der notwendigen und hinreichenden Bedingungen (2,10) treten jetzt die folgenden:

$$\tilde{\Phi}\tilde{\Phi}_y = \tilde{\Phi}_{xy}$$
$$\tilde{\Psi}\tilde{\Psi}_x = \tilde{\Psi}_{xy} \qquad (2,11)$$

und es gilt auch:

$$\tilde{\Phi}_y = \tilde{\Psi}_x \quad . \qquad (2,12)$$

Aus (2,10) läßt sich unter Benutzung von (2,6) die Differentialgleichung

$$z''^2 = a_1 z'^6 + a_2 z'^4 + a_3 z'^2 + a_4 \qquad (2,13)$$

mit konstanten reellen Koeffizienten a_k gewinnen [7]. Für die Umkehrfunktion $w = w(z)$ ergibt sich mit denselben Koeffizienten a_k die Differentialgleichung

$$w''^2 = a_1 + a_2 w'^2 + a_3 w'^4 + a_4 w'^6 \quad , \qquad (2,14)$$

d.h.: Eine analytische Funktion $z = z(w)$ bzw. $w = w(z)$ ist dann und nur dann durch ein Fluchtliniennomogramm mit vier i.a. krummlinigen Skalenträgern darstellbar, wenn sie eine Differentialgleichung (2,13) bzw. (2,14) mit reellen konstanten Koeffizienten erfüllt. Für den Sonderfall $a_4 = 0$ vergleiche auch [10].

Andererseits lassen sich durch Integration der Differentialgleichungen (2,13) bzw. (2,14) alle analytischen Funktionen $z = z(w)$ bzw. $w = w(z)$ und nur diese gewinnen, die durch ein Fluchtliniennomogramm darstellbar sind. Man erhält die Gesamtheit aller solcher Funktionen, indem man für a_1, a_2, a_3, a_4 alle möglichen Kombinationen aus positiven und negativen Werten und der Null wählt.

2. Die geometrische Gestalt der Skalenträger und die Ermittlung der Skalengleichungen

Die Skalenfunktionen f_1, g_1, f_2, g_2 lassen sich aus (2,6) und den beiden Beziehungen

$$p_v = \Phi_v(u,v) \quad \text{und} \quad q_u = \Psi_u(u,v) \qquad (2,15)$$

bestimmen: Man erhält ein System von vier gewöhnlichen Differentialgleichungen für die vier Funktionen f_i, g_i. Mit Hilfe von (2,9) folgt aus (2,15), falls $\Phi_v \neq 0$, $\Psi_u \neq 0$:

$$\frac{f_1' g_1'' - f_1'' g_1'}{[f_1'(g_2-g_1)+g_1'(f_1-f_2)]^3} = - \frac{f_2' g_2'' - f_2'' g_2'}{[f_2'(g_2-g_1)+g_2'(f_1-f_2)]^3} \qquad (2,16)$$

und hieraus mit $g_i = g_i(f_i)$, $i = 1,2$, $\dot{g}_i(f_i) = \frac{dg_i(f_i)}{df_i}$

$$\frac{\ddot{g}_1(f_1)}{(\dot{g}_1 - \frac{g_2-g_1}{f_2-f_1})^3} = - \frac{\ddot{g}_2(f_2)}{(\dot{g}_2 - \frac{g_2-g_1}{f_2-f_1})^3} \quad . \qquad (2,16a)$$

Es läßt sich zeigen, daß

$$f_1^2 = \alpha_1 g_1^2 + \beta_1 f_1 g_1 + \frac{2}{C} g_1 \qquad (2,17a)$$

$$f_2^2 = \alpha_1 g_2^2 + \beta_1 f_2 g_2 + \frac{2}{C} g_2 \qquad (2,17b)$$

mit festem $C \neq 0$ das allgemeine Integral von (2,16a) bei geeigneter Wahl des Koordinatensystems darstellt.

Ist eine analytische Funktion $w = f(z)$ durch ein Fluchtliniennomogramm darstellbar, so haben die Skalen für u und v, wenn $\Phi_v \neq 0$, $\Psi_u \neq 0$, stets einen nicht zerfallenden Kegelschnitt zum gemeinsamen Skalenträger.

Geht man von der speziellen Lage des Koordinatensystems zu einer beliebigen über, indem man die ∞^2-fache Mannigfaltigkeit (2,17) den ∞^3 starren Transformationen unterwirft - die Differentialgleichung (2,16a) ist nämlich gegenüber starren Transformationen invariant - so erhält man eine ∞^5-fache Mannigfaltigkeit von (nicht zerfallenden) Kurven zweiter Ordnung, die Träger der Skalen für u und v sein können. Sie ist äquivalent mit der Gesamtheit aller nicht zerfallenden Kurven zweiter Ordnung der ξ-η-Ebene. Jetzt lassen sich die Skalenfunktionen f_1, f_2 aus den Differentialgleichungen (2,5) bestimmen, nachdem man g_1, g_2 mit Hilfe von (2,17a,b) eliminiert hat. Nimmt man zunächst den Trägerkegelschnitt der Skalen von u und v als Parabel an, so daß $f_1^2 = g_1$, $f_2^2 = g_2$, so lassen sich f_1 und f_2 in besonders einfacher Weise ermitteln (vgl. Kap. III,1b). Man erhält dann partikuläre Integrale $f_1(u)$, $f_2(v)$ mit Hilfe von

$$\frac{\Phi_v(u,v_o)}{\Phi(u,v_o) - \Phi(u,v)} = f_1(u) - f_2(v) \ .$$

Vergleiche hierzu [11], S. 101/102.

Ist die Beziehung (2,9) dadurch erfüllt, daß

$$\Phi_v = 0, \qquad \Psi_u = 0, \tag{2,18}$$

so zerfällt der Trägerkegelschnitt der u- und der v-Skala in ein reelles Geradenpaar. Man gewinnt nämlich aus (2,18) zur Bestimmung von $g_1 = g_1(f_1)$ und $g_2 = g_2(f_2)$ die Differentialgleichungen

$$\frac{d^2 g_1}{df_1^2} = 0, \qquad \frac{d^2 g_2}{df_2^2} = 0 \tag{2,18a}$$

mit den allgemeinen Lösungen

$$g_1 = a_1 f_1 + b_1 \ , \qquad g_2 = a_2 f_2 + b_2 \ . \tag{2,19}$$

Da bei analytischen Funktionen gleichzeitig mit $\Phi_v = \Psi_u$ auch $\tilde{\Phi}_y = \tilde{\Psi}_x$ gilt, so folgt insgesamt:

Ist eine analytische Funktion z = z(w) bzw. w = w(z) durch ein Fluchtliniennomogramm darstellbar, so liegt stets die u- und die v-Skala auf einem, die x- und die y-Skala auf einem zweiten Kegelschnitt (s. [7]). Der erste Kegelschnitt zerfällt in ein reelles Geradenpaar, wenn $\Phi_v = 0$, $\Psi_u = 0$, der zweite, wenn $\tilde{\Phi}_y = 0$, $\tilde{\Psi}_x = 0$. Sind die Skalenträger für u und v geradlinig und von der Form

$$f_1 = 0, \qquad f_2 = c$$

angenommen, so folgt aus (2,4) und (2,5):

$$\Phi(u,v) = \frac{g_1''}{g_1'} = \varphi(u) \ , \qquad \Psi(u,v) = \frac{g_2''}{g_2'} = \psi(v) \ . \tag{2,20}$$

Die Skalenfunktionen $g_1(u)$, $g_2(v)$ ergeben sich daher durch zwei Quadraturen:

$$g_1(u) = c_1 \int e^{\int \varphi(u)du} du + d_1, \qquad g_2(v) = c_2 \int e^{\int \psi(v)dv} dv + d_2 \ . \tag{2,21}$$

Durch Einsetzen der jetzt vier bekannten Skalenfunktionen in (1,9) und (1,10) findet man allein durch Differentiationen die Darstellungen der x- und der y-Skala.

Haben die Träger der u- und der v-Skala die Darstellung

$$\text{u-Skala}: \quad \eta = a_1\xi \tag{2,22a}$$

$$\text{v-Skala}: \quad \eta = a_2\xi , \tag{2,22b}$$

so sind die Beschriftungsfunktionen f_1, g_1, f_2, g_2 durch die Relationen $g_1(u) = a_1 f_1(u)$, $g_2(v) = a_2 f_2(v)$ verknüpft. Geht man damit in (2,4), (2,5) ein, so erhält man für $f_1(u)$, $f_2(v)$ die Differentialgleichungen

$$\frac{f_1''}{f_1'} - 2\frac{f_1'}{f_1} = \varphi(u) \tag{2,23a}$$

$$\frac{f_2''}{f_2'} - 2\frac{f_2'}{f_2} = \psi(v) \tag{2,23b}$$

mit den allgemeinen Integralen

$$f_1(u) = \frac{-1}{c_2\int e^{\int\varphi(u)du}du+d_1} , \tag{2,24a}$$

$$f_2(v) = \frac{-1}{c_2\int e^{\int\psi(v)dv}dv+d_2} . \tag{2,24b}$$

3. Allgemeines über die Darstellbarkeit elementarer Funktionen

Bei der Integration[1)] der Differentialgleichung (2,13) bzw. (2,14) ergibt sich, daß die folgenden elementaren Funktionen durch ein Fluchtliniennomogramm darstellbar sind:

$$w - C_1 = \alpha(z-C_2)^2 \tag{2,25}$$

oder damit gleichbedeutend

$$w = \alpha z^2 + \beta z + \gamma ,$$

weiterhin

---

1. Die Integration ist in der Arbeit: F. REUTTER, Theorie der Fluchtliniennomogramme für Systeme von zwei Funktionen zweier reeller Veränderlichen, ZAMM 40 (1960), Abschnitt 8, vollständig durchgeführt.

$$\alpha(w-C_1)^2 + \beta(z-C_2)^2 = 1 \qquad (2,26)$$

$$w - C_1 = \alpha e^{\beta(z-C_2)} \qquad (2,27)$$

$$w - C_1 = \alpha_s \sin[\beta_s(z-C_2)] \qquad (2,28)$$

$$w - C_1 = \alpha_s \ln \sin[\beta_s(z-C_2)] \qquad (2,29)$$

$$w - C_1 = \alpha_t \ln \operatorname{tg}[\beta_t(z-C_2)] \qquad (2,30)$$

$$\sin[\alpha(w-C_1)]+1 = \gamma\,(\sin[\beta(z-C_2)] + 1) \quad . \qquad (2,31)$$

Durch geeignete Wahl von β und C_2 sind natürlich auch die Funktionen darstellbar, in denen cos oder sinh oder cosh an Stelle von sin steht, bzw. ctg oder tgh oder ctgh an Stelle von tg. Zusammen mit den genannten Funktionen sind auch ihre Umkehrungen darstellbar.

Von den auftretenden Parametern sind C_1, C_2 komplex, α^2, β^2 i.a. beliebige reelle Zahlen, im Falle (2,26) müssen α und β selbst reell sein, im Falle (2,31) können α^2 und γ auch komplexe Zahlen werden, die jedoch nicht voneinander unabhängig sind. Im Falle (2,27) darf α komplex sein.

4. Allgemeines über die Darstellbarkeit elliptischer Funktionen und Integrale

Weiter ergibt die Integration von (2,13) bzw. (2,14), daß auch die folgenden Funktionen durch Fluchtliniennomogramme darstellbar sind (vgl. Fußnote 1 und [8],1):

$$w - C_1 = \tilde{\alpha}\ \operatorname{am}[\tilde{\beta}(z-C_2),\ k^2] \qquad (2,32)$$

$$w - C_{1s} = \alpha_s \ln \operatorname{sn}[\beta_s(z-C_{2s}),\ k_s^2] \qquad (2,33)$$

$$w - C_{1c} = \alpha_c \ln \operatorname{cn}[\beta_c(z-C_{2c}),\ k_c^2] \qquad (2,34)$$

$$w - C_{1d} = \alpha_d \ln \operatorname{dn}[\beta_d(z-C_{2d}),\ k_d^2] \qquad (2,35)$$

$$w - C_{1\wp} = \alpha_\wp \ln\left[\wp\,[\beta_\wp(z-C_{2\wp});e_1,e_2,e_3]-e_i\right] \quad . \qquad (2,36)$$

In den Fällen (2,33), (2,34), (2,35) sind k_s^2, k_c^2, k_d^2 reell, im Falle (2,32) ist k^2 entweder reell oder komplex. Der komplexe Wert k^2 genügt einer der drei Gleichungen:

$$k^2 + \bar{k}^2 = k^2 \bar{k}^2 \qquad (2{,}37a)$$

$$k^2 + \bar{k}^2 = 1 \qquad (2{,}37b)$$

$$\frac{1}{k^2} + \frac{1}{\bar{k}^2} = \frac{1}{k^2\bar{k}^2} \quad ; \qquad (2{,}37c)$$

β ist für reelle Modulwerte und im Falle (2,36) stets reell und kann dann gleich 1 gesetzt werden. Für komplexes k^2 gilt $\beta^2 = \frac{2i}{k^2}$.

Im Falle (2,36) bedeutet e_i eine Wurzel der Gleichung

$$4t^3 - g_2 t - g_3 = 0 \;;$$

g_2, g_3 sind die (reellen) Invarianten der $\wp$-Funktion.

Die Funktionen (2,32) - (2,36) sind äquivalente Darstellungen des allgemeinen Integrals der Differentialgleichung (2,14) mit $a_4 = 0$. Die Fälle $\Delta_1 = a_2^2 - 4a_1a_3 > 0$ bzw. $\Delta_1 < 0$ führen auf zwei grundsätzlich verschiedene Nomogrammtypen: Alle Skalen für x und y, die zu verschiedenen k^2-Werten gehören, liegen im Falle $\Delta_1 > 0$ auf den Kurven eines Kegelschnittbüschels mit vier reellen, im Falle $\Delta_1 < 0$ mit zwei reellen und zwei konjugiert komplexen Grundpunkten.

Die nachstehende Tabelle 1 gibt die zu $\Delta_1 > 0$ bzw. $\Delta_1 < 0$ gehörigen Bereiche für die Modulwerte $k^2 = k_{am}^2$, k_s^2, k_c^2, k_d^2 der Funktionen (2,32) bis (2,35) und die Parameter e_i der Funktion (2,36) an.

Da die Funktionen (2,32) - (2,36) äquivalente Lösungen der Differentialgleichung (2,14) sind, müssen sie durch eine geeignete Zuordnung der in ihnen auftretenden Parameter ineinander überführbar sein. Insbesondere läßt sich jede der Funktionen (2,33) - (2,36) durch eine geeignete Zuordnung der Werte C_1, C_2 zu C_{1f}, C_{2f}[2)] sowie k_{am}^2, $\tilde{\alpha}^2$, $\tilde{\beta}^2$ zu k_f^2, α_f^2, β_f^2 in (2,32) überführen. Wie in [8], 1 gezeigt wurde, bestimmt sich dabei C_2 aus

$$w_f'(C_2) = \tilde{\alpha}\,\tilde{\beta} \,, \qquad (2{,}38a)$$

und es ist

$$C_1 = w_f(C_2) \,. \qquad (2{,}38b)$$

---

2. Der Index f bedeutet s bei (2,33) oder c bei (2,34), d bei (2,35) oder $\wp$ bei (2,36).

T a b e l l e 1

Funktion	Δ_1	Bedingungen für k_{am}^2 bzw. e_i
(2,32)	>0	$-\infty < k_{am}^2$ (reell) $< +\infty$
	<0	k_{am}^2 komplex, genügt einer Gl. (2,37)
(2,33)	>0	$0 < k_s^2$ (reell) $< +\infty$
	<0	$-\infty < k_s^2$ (reell) < 0
(2,34)	>0	$k_c^2 < 0$ und $k_c^2 > 1$
	<0	$0 < k_c^2 < 1$
(2,35)	>0	$-\infty < k_d^2 < +1$
	<0	$k_d^2 > 1$
(2,36)	<0	e_i reell, $e_1 > e_2 > e_3$
	>0	e_i reell, $e_2 > e_1 > e_3$ e_i reell, $e_1 > e_3 > e_2$
		e_1, e_3 konjugiert komplex, e_2 reell

Dies soll am Beispiel der Funktion (2,36) mit $\alpha_{\wp} = \beta_{\wp} = 1$, $C_{1\wp} = C_{2\wp} = 0$ dargelegt werden. Sie genügt einer Differentialgleichung (2,14) mit $a_1 = 4(e_2^2 - 4e_1e_3)$, $a_2 = -6e_2$, $a_3 = -\frac{1}{4}$. Dann wird $\Delta_1 = 16(e_2-e_1)(e_2-e_3)$ und

$$k_{am}^2 = \frac{4\sqrt{(e_2-e_1)(e_2-e_3)}}{2\sqrt{(e_2-e_1)(e_2-e_3)}-3e_2}, \quad \tilde{\alpha}^2 = -4, \; \tilde{\beta}^2 = 2\sqrt{(e_2-e_1)(e_2-e_3)}-3e_2 \; . \tag{2,39}$$

A) Alle e_i reell.

Dann folgt aus (2,38a):

$$\frac{[\wp(C_2)-e_1][\wp(C_2)-e_3]}{\wp(C_2)-e_2} = 3e_2-2\sqrt{(e_2-e_1)(e_2-e_3)}$$

und hieraus mit $\varepsilon = \operatorname{sgn}\sqrt{(e_2-e_1)(e_2-e_3)}$:

$$\wp(C_2) - e_2 = \begin{cases} -\varepsilon i & \text{für } (e_2-e_1)(e_2-e_3) = -1 \\ -\varepsilon & \text{für } (e_2-e_1)(e_2-e_3) = +1 \; . \end{cases} \tag{2,40}$$

Setzt man $\frac{e_2-e_3}{e_1-e_3} = k_{\wp}^2$, so gilt allgemein im Falle reeller e_i

$$\wp(z,k_\wp^2) = \frac{e_1 - e_3}{sn^2(\sqrt{e_1-e_3}\, z, k_\wp^2)} + e_3 \; , \qquad (2,41)$$

und es folgt

$$k_{am}^2 = 4\varepsilon i k_\wp k'_\wp (k'_\wp - \varepsilon i k_\wp)^2 \; . \qquad (2,42)$$

Nun sind folgende Fälle zu unterscheiden:

a) $(e_2-e_1)(e_2-e_3) = -1$, alle e_i reell.

Damit ist $\Delta_1 < 0$ und $e_1 > e_2 > e_3$, es gilt

$$\wp(C_2) - e_2 = -i\varepsilon \quad .$$

Mit Hilfe von (2,41) findet man wegen $0 < k_\wp^2 < 1$

$$sn^2(\sqrt{e_1-e_3}\, C_2, k_\wp^2) = 1 + \frac{i\varepsilon k'_\wp}{k_\wp}$$

und damit

$$C_2 = \frac{1}{2\sqrt{e_1-e_3}} [K(k_\wp^2) + i\varepsilon K'(k_\wp^2)] \quad ;$$

k_{am}^2 wird komplex und genügt einer Gleichung (2,37), $\tilde{B}^2$ wird nach (2,39) komplex.

b) $(e_2-e_1)(e_2-e_3) = +1$, also $\Delta_1 > 0$, und es sei $e_2 > e_1 > e_3$. Dann wird $k_\wp^2 > 1$, und es ergibt sich nach Ausführung der Modultransformation $k_\wp^2 = \frac{1}{k^{*2}}$

$$sn^2[\frac{C_2\sqrt{e_1-e_3}}{k^*}, k^{*2}] = \frac{1}{1-\varepsilon k^{*'}}$$

und hieraus

$$C_2 = \frac{k^*}{\sqrt{e_1-e_3}} [\tfrac{1}{2} K(k^{*2}) + i\, K'(k^{*2})] \quad \text{für } \varepsilon = +1 \; ,$$

$$C_2 = \frac{k^*}{2\sqrt{e_1-e_3}} K(k^{*2}) \quad \text{für } \varepsilon = -1 \; .$$

c) $(e_2-e_1)(e_2-e_3) = +1$, also $\Delta_1 > 0$, es sei $e_1 > e_3 > e_2$.

Dann wird $k_\wp^2 < 0$ und man findet in entsprechender Weise

$$C_2 = \frac{ik^{*'}}{2\sqrt{e_1-e_3}} K'(k^{*2}) \quad \text{für } \varepsilon = +1,$$

$$C_2 = \frac{k^{*'}}{\sqrt{e_1-e_3}} [K(k^{*2}) + \tfrac{1}{2} i\, K'(k^{*2})] \quad \text{für } \varepsilon = -1 \; .$$

B) e_1, e_3 konjugiert komplex, e_2 reell.

Dann wird $(e_2-e_1)(e_2-e_3) = +1$, also $\Delta_1 > 0$.

Jetzt ist $k_{\wp}^2 = \frac{1}{2} - \frac{3e_2\varepsilon}{4}$ zu setzen. An Stelle von (2,41) tritt die Beziehung

$$\wp(z) = e_2 + \varepsilon \frac{1+\mathrm{cn}(2z\sqrt{\varepsilon})}{1-\mathrm{cn}(2z\sqrt{\varepsilon})} \tag{2,43}$$

C_2 bestimmt sich wieder aus (2,40), man erhält

$$C_2 = \frac{i}{2} K'(k_{\wp}^2) \text{ für } \varepsilon=+1, \quad C_2 = -\frac{1}{2} K'(k_{\wp}^2) \text{ für } \varepsilon=-1.$$

Für C_1 findet man, falls $(e_2-e_1)(e_2-e_3) = +1$ (Fälle Ab,c und B):

$$C_1 = i\pi \text{ für } \varepsilon = +1, \quad C_1 = 0 \text{ für } \varepsilon = -1$$

und falls $(e_2-e_1)(e_2-e_3) = -1$ (Fall Aa):

$$C_1 = -i\frac{\pi}{2} \text{ für } \varepsilon = +1, \quad C_1 = i\frac{\pi}{2} \text{ für } \varepsilon = -1 .$$

Es seien die Skalengleichungen für $w_1 = \mathrm{am}(\beta z_1, k_{am}^2)$ mit $\beta = 1$ und reellem k_{am}^2 sowie mit $\beta^2 = \frac{2i}{k_{am}^2}$ und komplexem k_{am}^2, das einer Gleichung (2,37) genügt, bekannt. Daraus lassen sich wegen der Äquivalenz der Funktionen (2,32) und (2,36) die Skalengleichungen für die Funktion (2,36) mit Hilfe der folgenden Transformationen bestimmen:

$$w_1 = \frac{w_{\wp}-C_1}{\tilde{\alpha}}, \quad z_1 = \tilde{\beta}(z_{\wp}-C_2) \quad \text{für } \Delta_1 > 0 ,$$

$$w_1 = \frac{w_{\wp}-C_1}{\tilde{\alpha}}, \quad z_1 = \frac{\tilde{\beta}}{\beta}(z_{\wp}-C_2) \quad \text{für } \Delta_1 < 0 .$$

Tabelle 2 gibt eine schematische Übersicht über diese Zuordnungen für die Funktion (2,36), wobei wieder w und z statt w_1 und z_1 gesetzt wurde. Dabei erhält man in den Fällen Ab bzw. Ac für $\varepsilon = -1$ eine zugeordnete Funktion $w = \mathrm{am}(z, k_{am}^2)$ mit $0 < k_{am}^2 < 1$ bzw. $k_{am}^2 < 0$, für $\varepsilon = +1$ eine solche mit $k_{am}^2 < 0$ bzw. $0 < k_{am}^2 < 1$. Es läßt sich zeigen, daß die beiden Fälle äquivalent sind, indem man die Transformationen anwendet, die von $k^2 < 0$ zu $0 < k^2 < 1$ führen bzw. umgekehrt. Wegen $\wp(z;g_2,g_3) = \wp(iz;g_2,-g_3)$ besteht eine entsprechende Äquivalenz auch in den Fällen Aa und B. Das gilt auch für die entsprechenden Zuordnungen zwischen den Funktionen (2,33) - (2,35) und (2,32) ([8], Tab. 1).

Tabelle 2

	Konfiguration der e_i		Δ_1	k_p^2 Bereich	k_{am}^2	Modul für die Argument-Transform.	Bereich des Moduls k_{am}^2	$\varepsilon=-1$ Transformation des Arguments	$\varepsilon=-1$ Transformation der abhängigen Veränderlichen	Bereich des Moduls k_{am}^2	$\varepsilon=+1$ Transformation des Arguments	$\varepsilon=+1$ Transformation der abhängigen Veränderlichen
Aa	alle e_i reell $e_1=\mu+\nu$ $e_2=-2\mu$ $e_3=\mu-\nu$ $(e_2-e_1)(e_2-e_3)=9\mu^2-\nu^2$ $k_p^2=\frac{e_2-e_3}{e_1-e_3}$ $ac>0$	$\lvert\nu\rvert>3\lvert\mu\rvert$ $e_1>e_2>e_3$ $(e_2-e_1)(e_2-e_3)<0$ Annahme: $(e_2-e_1)(e_2-e_3)=-1$	<0	$0<k_p^2<1$	$k_p^2=\frac{(1+\varepsilon k'_{am})^2}{4\varepsilon k'_{am}}$ $k_{am}^2=4\varepsilon i k_p k'_p(k'_p-\varepsilon i k_p)^2$	k_p^2	k_{am}^2 komplex	$x=\sqrt{2}\,y_p+\frac{K'(k_p^2)}{\sqrt{2(e_1-e_3)}}$ $y=-\sqrt{2}\,x_p+\frac{K(k_p^2)}{\sqrt{2(e_1-e_3)}}$	$u=\frac{1}{2}v_p+\frac{\pi}{4}$ $v=-\frac{1}{2}u_p$	k_{am}^2 komplex	$x=\sqrt{2}\,x_p+\frac{K(k_p^2)}{\sqrt{2(e_1-e_3)}}$ $y=\sqrt{2}\,y_p+\frac{K'(k_p^2)}{\sqrt{2(e_1-e_3)}}$	$u=\frac{1}{2}v_p-\frac{\pi}{4}$ $v=-\frac{1}{2}u_p$
Ab		$\lvert\nu\rvert<3\lvert\mu\rvert$ $(e_2-e_1)(e_2-e_3)>0$ Annahme: $(e_2-e_1)(e_2-e_3)=1$	>0	$k_p^2>1$ $\mu<0$ $\nu<-3\mu$ $e_2>e_1>e_3$		$k^{*2}=\frac{1}{k_p^2}$	$0<k_{am}^2<1$	$x=\frac{k^{*\prime}+1}{\sqrt{k^{*\prime}}}\,y_p$ $y=(k^{*\prime}+1)\left[\frac{-x_p}{\sqrt{k^{*\prime}}}+\frac{K(k^{*2})}{2}\right]$	$u=\frac{1}{2}v_p$ $v=-\frac{1}{2}u_p$	$k_{am}^2<0$	$x=(k^{*\prime}-1)\left[\frac{y_p}{\sqrt{k^{*\prime}}}-K'(k^{*2})\right]$ $y=(k^{*\prime}-1)\left[-\frac{x_p}{\sqrt{k^{*\prime}}}+\frac{K(k^{*2})}{2}\right]$	$u=\frac{1}{2}v_p-\frac{\pi}{2}$ $v=-\frac{1}{2}u_p$
Ac				$k_p^2<0$ $\mu>0$ $\nu<3\mu$ $e_1>e_3>e_2$		$k^{*2}=\frac{-k_p^2}{k_p'^2}$	$k_{am}^2<0$	$x=(k^*-1)\left[\frac{x_p}{\sqrt{k^*}}+K(k^{*2})\right]$ $y=(k^*-1)\left[\frac{y_p}{\sqrt{k^*}}+\frac{K'(k^{*2})}{2}\right]$	$u=\frac{1}{2}v_p$ $v=-\frac{1}{2}u_p$	$0<k_{am}^2<1$ $1+k'_{am}=\frac{2}{\mu k^2}$	$x=\frac{k^*+1}{\sqrt{k^*}}\,x_p$ $y=(k^*+1)\left[\frac{y_p}{\sqrt{k^*}}-\frac{K'(k^{*2})}{2}\right]$	$u=\frac{1}{2}v_p-\frac{\pi}{2}$ $v=-\frac{1}{2}u_p$
B	$e_1=\mu+i\nu$ $e_2=-2\mu$ $e_3=\mu-i\nu$ $(e_2-e_1)(e_2-e_3)=9\mu^2+\nu^2$ $k_p^2=\frac{1}{2}-\frac{3}{4}e_2\varepsilon$ $ac<0$	$(e_2-e_1)(e_2-e_3)>0$ Annahme: $(e_2-e_1)(e_2-e_3)=1$	>0	$0<k_p^2<1$	$k_{am}^2=\frac{1}{k_p^2}$	k_p^2	$k_{am}^2>1$	$x=2k_p y_p$ $y=-2k_p x_p-k_p K'(k_p^2)$	$u=\frac{1}{2}v_p$ $v=-\frac{1}{2}u_p$	$k_{am}^2>1$	$x=2k_p x_p$ $y=2k_p y_p-k_p K'(k_p^2)$	$u=\frac{1}{2}v_p-\frac{\pi}{2}$ $v=-\frac{1}{2}u_p$

Die darstellbaren Funktionen (2,32) - (2,35) bilden in Abhängigkeit vom Modul k^2 eine einparametrige Mannigfaltigkeit, während die Mannigfaltigkeit der Funktionen (2,36) sowohl für reelle Werte e_i als auch für einen reellen und zwei konjugiert komplexe Werte e_i, also für reelle g_2, g_3, zweiparametrig ist. Daher sollen in Kapitel IV zunächst die Nomogramme für die Funktionen (2,32) - (2,35), mit deren Hilfe die Funktionswerte der JACOBIschen elliptischen Funktionen abgelesen werden können, zusammengefaßt behandelt werden, während die Funktion (2,36) eine besondere Behandlung in Kapitel V erfährt.

III. Nomogramme elementarer Funktionen

1. Algebraische Funktionen

a) $w = z^2 + az + b$ mit $a = a_1 + ia_2$, $b = b_1 + ib_2$ (3,1)

Da (2,17) erfüllt ist, sind die Skalen für u und v geradlinig. Werden sie parallel angenommen, so ergibt sich aus (2,18) ihre Darstellung zu:

u-Skala: $f_1(u) = 0, \quad g_1(u) = c_1 u + d_1$ (3,2a)

v-Skala: $f_2(v) = c, \quad g_2(v) = c_2[(v-b_2)^2+a_1a_2v]+d_2$. (3,2b)

Wählt man zunächst $c_1 = c$, $d_1 = 0$, $c_2 = 1$, $d_2 = -a_1a_2b_2$, so folgen aus (1,9), (1,10) die Darstellungen der Skalen für x und y:

$$f_3(x) = \frac{c}{1+(2x+a_1)^2}, \qquad g_3(x) = \frac{x(x+a_1)[a_2^2+(2x+a_1)^2]}{1+(2x+a_1)^2}; \tag{3,3}$$

$$f_4(y) = \frac{c}{1-(2y+a_2)^2}, \qquad g_4(y) = \frac{y(y+a_2)[a_1^2+(2y+a_2)^2]}{1-(2y+a_2)^2}. \tag{3,4}$$

Der Kegelschnitt, auf dem die Skalen für x und y liegen, hat die implizite Gleichung:

$$\xi^2 - \frac{(1+a_1^2)+(1-a_2^2)}{(1+a_1^2)(1-a_2^2)}\xi - \frac{4}{(1+a_1^2)(1-a_2^2)}\xi\eta + \frac{1}{(1+a_1^2)(1-a_2^2)} = 0 . \tag{3,5}$$

Für festes a_1 und variables a_2 bzw. festes a_2 und variables a_1 ergibt sich jeweils ein Kegelschnittbüschel.

Abbildung 10 zeigt ein solches Nomogramm für $a_1 = a$, $a_2 = 0$ und $b = 0$. Jeder Kegelschnitt (3,5) ist Skalenträger für zwei verschiedene Funktionen (3,1), nämlich für $a > 0$ und $a < 0$. Für jeden festen Wert $a > 0$ bzw. $a < 0$ tragen die Skalenpunkte der Skalen für x und für y noch zwei verschiedene Beschriftungen, wie sich aus (3,3), (3,4) ergibt. Die v-Skala trägt neben den angeschriebenen Bezifferungswerten auch noch die Werte -v. Die y-Skalen tragen neben dem angeschriebenen Bezifferungswert y auch noch den Wert -y. Die x-Skalen tragen für $a > 0$ neben dem angeschriebenen Wert x noch den Wert $-(x+a)$. Außerdem sind für $a < 0$ die Werte -x und $(x+a)$ angeschrieben zu denken. Aus Gründen der Übersichtlichkeit sind im allgemeinen an die Punkte der x-Skalen nur die Werte x für $a > 0$ angeschrieben. Lediglich in einigen Punkten einer jeden Kurve sind alle vier Bezifferungswerte angegeben. Die durch übergesetzte Querstriche gekennzeichneten Bezifferungswerte der x-Skalen gehören jeweils zu $a < 0$.

Zu einem gegebenen Wertepaar u,v und gegebenem a gehören jeweils zwei Wertepaare x,y. Aus ihnen sind zwei Werte z_1, z_2 so zu bilden, daß
$z_1 + z_2 = -a$, $z_1 \cdot z_2 = -w$.

Durch die projektive Transformation

$$\xi_1 = \frac{\xi - c}{c\eta}, \qquad \eta_1 = \frac{-\xi}{c\eta} \qquad (3,6)$$

wird ein Nomogramm mit den Gleichungen (3,2) - (3,4) in der ξ-η-Ebene projektiv so auf ein Nomogramm in einer ξ_1-η_1-Ebene abgebildet, daß die u- und die v-Skala zueinander senkrecht verlaufen. Die Darstellungen der vier Skalen sind jetzt:

$$\text{u-Skala:} \quad F_1(u)^{3)} = \frac{-1}{c_1 u + d_1}, \qquad G_1(u) = 0 \qquad (3,7a)$$

$$\text{v-Skala:} \quad F_2(v) = 0, \quad G_2(v) = \frac{-1}{c_2[(v-b_2)^2 + a_1 a_2 v] + d_2} \qquad (3,7b)$$

$$\text{x-Skala:} \quad F_3(x) = \frac{-(2x+a_1)^2}{x(x+a_1)[a_2^2 + (2x+a_1)^2]}, \qquad (3,8)$$

$$G_3(x) = \frac{-1}{x(x+a_1)[a_2^2 + (2x+a_1)^2]}$$

3. Die Skalenfunktionen der Nomogramme mit senkrechten Skalen für u und v werden künftig mit F_i, G_i bezeichnet.

y-Skala: $$F_4(y) = \frac{(2y+a_2)^2}{y(y+a_2)[a_1^2+(2y+a_2)^2]},$$
$$G_4(y) = \frac{-1}{y(y+a_2)[a_1^2+(2y+a_2)^2]}. \qquad (3,9)$$

Der gemeinsame Träger der Skalen für x und y ist ein Kegelschnitt mit der Gleichung:

$$\xi_1^2 + (a_2^2 - a_1^2)\,\xi_1\eta_1 - a_1^2a_2^2\eta_1^2 + 4\,\eta_1 = 0\,. \qquad (3,10)$$

Abbildung 11 zeigt ein solches Nomogramm für $a_1 = a$, $a_2 = 0$, $b = 0$; es geht durch die projektive Transformation (3,6) aus Abbildung 10 hervor. Die Skalen für x und y liegen auf den Kegelschnitten des Kegelschnittbüschels

$$\xi_1^2 - a^2\xi_1\eta_1 + 4\eta_1 = 0\,. \qquad (3,10a)$$

Die Grundpunkte des Büschels (3,10a) sind der dreifach zählende Punkt $\xi_1 = \eta_1 = 0$ und der Fernpunkt der η-Achse. Das entsprechende Büschel (3,5) hat den Fernpunkt der η-Achse zum dreifach zählenden Grundpunkt, der zweite Grundpunkt ist $\xi = 1$, $\eta = 0$.

Läßt man die "Formgebungskonstanten" c_1, c_2, d_1, d_2 in (3,2) alle möglichen Werte durchlaufen, so erhält man alle Nomogramme dieses Typus für (3,1), von denen jedes in einem anderen Variablenbereich besonders günstige Ablesungen erlaubt. Die Auswahl der für den praktischen Gebrauch erforderlichen Nomogramme kann systematisch durchgeführt werden, wie unter III,2 für die Nomogramme einiger anderer darstellbarer elementarer Funktionen näher dargelegt werden soll.

b) $aw^2 + bz^2 = 1$, a,b reell

Es wird speziell die Funktion

$$aw^2 + z^2 = 1 \qquad (3,11)$$

betrachtet, die zur Verknüpfung der JACOBI-Funktionen (Kap. IV,3) benutzt werden kann. Demnach kann a die Bedeutung des (reellen) Moduls k^2 haben.

Da (2,17) nicht erfüllt ist, liegen nach II,2 die u- und die v-Skala auf ein und demselben nicht zerfallenden Kegelschnitt, der zunächst als

Parabel angenommen werden soll. Geht man mit dem Ansatz $g_1 = f_1^2$, $g_2 = f_2^2$ in die Gleichungen (2,5) ein, so findet man die Darstellungen der Skalen für u und v mit der noch willkürlichen, aber festen Integrationskonstanten v_o zu

$$\text{u-Skala:} \qquad f_1 = \frac{-2v_o}{u^2+v_o^2}, \qquad g_1 = f_1^2 \tag{3,12}$$

$$\text{v-Skala:} \qquad f_2 = \frac{+2v_o}{v^2-v_o^2}, \qquad g_2 = f_2^2 \quad . \tag{3,13}$$

Aus (3,12), (3,13) ergeben sich nach (1,12), (1,13) die Gleichungen der zugehörigen Skalen für x und y:

$$\text{x-Skala:} \qquad f_3(x) = \frac{2av_o(x^2-av_o^2)}{(x^2-av_o^2)^2-x^2}, \qquad g_3(x) = \frac{4a^2v_o^2}{(x^2-av_o^2)^2-x^2} \tag{3,14}$$

$$\text{y-Skala:} \qquad f_4(y) = \frac{-2av_o(y^2+av_o^2)}{(y^2+av_o^2)^2+y^2}, \qquad g_4(y) = \frac{4a^2v_o^2}{(y^2+av_o^2)^2+y^2} \quad . \tag{3,15}$$

Der gemeinsame Träger der Skalen für x und y wird für jedes feste a dargestellt durch einen Kegelschnitt des Kegelschnittbüschels

$$4a(\eta-\xi^2) + \eta^2 + \frac{2}{v_o}\xi\eta = 0 \ . \tag{3,16}$$

Dieses hat den dreifachen Grundpunkt $P_1(0,0)$ und den einfachen Grundpunkt $P_2(\frac{-2}{v_o}, \frac{4}{v_o^2})$. Nur für $a < -\frac{1}{4v_o^2}$ ergeben sich Ellipsen. (Für die allgemeinere Funktion $aw^2 + bz^3 = 1$ erhält man bei festem a und variablem b ebenso wie bei festem b und variablem a jeweils ein Kegelschnittbüschel als Träger der Skalen für x und y.)

Abbildung 12 zeigt ein Nomogramm dieses Typus mit $v_o = 1$. Indem man dieses Nomogramm den ∞^2 projektiven Transformationen unterwirft, welche die gemeinsame Trägerparabel der u- und der v-Skala und einen Punkt auf ihr, z.B. den dreifach zählenden Grundpunkt P_1, invariant lassen, gewinnt man ∞^2 weitere Nomogramme der Funktion.

In allen Nomogrammen für (3,11) tragen die Skalen für x,y,u,v neben den angeschriebenen Bezifferungswerten auch noch die Werte -x, -y, -u, -v. Zu einem gegebenen Wertepaar u,v gehören zwei Wertepaare x,y. Ihre Auswahl aus den zu einer Ablesegeraden gehörigen vier möglichen Paarungen erfolgt durch die Vorschrift sgn y = -sgn (a. u.v), wenn in $z = \sqrt{1 - aw^2}$ das positive Vorzeichen der Wurzel gewählt wird.

Nun interessiert bei den Nomogrammen für (3,11) insbesondere der Bereich $0 < a < 1$, da a später mit dem Modul k^2 der JACOBI-Funktionen identifiziert werden soll. Ein gemäß den Skalengleichungen (3,12) bis (3,14) konstruiertes Nomogramm ist mit $0 < a < 1$ nur für einen beschränkten Bereich von Werten x,y,u,v brauchbar, ist aber für $-1{,}5 \leqq a \leqq -0{,}5$ günstig. Man kann es ergänzen durch Nomogramme, die bei entsprechender Wahl von v_o für Werte a aus einem Bereich $0 < a < 1$ besser geeignet sind, wenn man Abbildung 12 so transformiert, daß der Träger der Skalen für u und v in einen Kreis übergeführt wird. Dieser kann ohne Einschränkung der Allgemeinheit in der Form

$$\xi_1^2 + \eta_1^2 - 2r\,\eta_1 = 0$$

angesetzt werden. Die zugehörige projektive Transformation lautet:

$$\xi_1 = - \frac{\xi + \frac{v_o}{2}\eta}{v_o\xi + \frac{(v_o r)^2 + 1}{4r^2}\eta + 1} \qquad (3{,}17a)$$

$$\eta_1 = \frac{1}{2r} \frac{\eta}{v_o\xi + \frac{(v_o r)^2 + 1}{4r^2}\eta + 1} \, . \qquad (3{,}17b)$$

Das Kegelschnittbüschel (3,16) geht dann über in:

$$a(\xi_1^2 + \eta_1^2 - 2r\eta_1) + \frac{r}{v_o}\xi_1\eta_1 = 0 . \qquad (3,18)$$

Jetzt werden die Skalenträger für x und y für $|a| > \frac{r}{2v_o}$ Ellipsen. Bei geeigneter Wahl von r und v_o lassen sich daher die Skalen für x und y etwa im Bereich $0{,}0005 \leqq a \leqq 1$ zweckmäßig darstellen. Die Achsen aller Ellipsen verlaufen parallel zu den Winkelhalbierenden der ξ_1- und η_1-Achse; die Mittelpunktskoordinaten der Ellipsen sind

$$\xi_{1m} = -\frac{2av_or^2}{(2av_o)^2-r^2}, \qquad \eta_{1m} = \frac{-2av_o}{r}\xi_{1m} .$$

Die projektive Transformation (3,17) führt auf die neuen Skalengleichungen:

$$\text{u-Skala:} \quad f_1(u) = \frac{2v_or^2u^2}{r^2u^4 + v_o^2}, \qquad g_1(u) = \frac{2v_o^2r}{r^2u^4+v_o^2} \qquad (3,19)$$

$$\text{v-Skala:} \quad f_2(v) = \frac{-2v_or^2v^2}{r^2v^4 + v_o^2}, \qquad g_2(v) = \frac{2v_o^2r}{r^2v^4 + v_o^2} \qquad (3,20)$$

$$\text{x-Skala:} \quad f_3(x) = \frac{-2av_or^2x^2}{r^2x^4 - r^2x^2 + (av_o)^2}, \qquad g_3(x) = \frac{+2(av_o)^2r}{r^2x^4 - r^2x^2 + (av_o)^2} \qquad (3,21)$$

$$\text{y-Skala:} \quad f_4(y) = \frac{2av_or^2y^2}{r^2y^4 + r^2y^2 + (av_o)^2}, \qquad g_4(y) = \frac{2(av_o)^2r}{r^2y^4 + r^2y^2 + (av_o)^2} . \qquad (3,22)$$

Abbildung 13 zeigt ein solches Nomogramm mit $v_o = 1$. Man erkennt, daß die Skalen für u und v symmetrisch zu der Verbindungsgeraden der Grundpunkte P_1, P_2 liegen. Eine Änderung des Vorzeichens von a bewirkt eine Spiegelung der Skalen von x und y bezüglich dieser Symmetrieachse. Daher kann ein Nomogramm, in das nur die Skalen für $a > 0$ eingezeichnet sind, auch für $a < 0$ benutzt werden, wenn man die u- und die v-Skala miteinander vertauscht.

Da in die Skalengleichungen für x und y nur das Produkt av_o eingeht, läßt sich ein für einen bestimmten Bereich von Werten a aufgezeichnetes Nomogramm vom Typus Abbildung 13 auch für Werte a.p verwenden, wenn man v_o in $\frac{v_o}{p}$ verwandelt und damit die Punkte der Skalen für u und v mit $\frac{u}{\sqrt{p}}$ und $\frac{v}{\sqrt{p}}$ beziffert.

Nach Wahl des Kreisradius r in (3,19) - (3,22) bleibt zunächst als einzige "Formgebungsgröße" v_o. Diese wird aber bereits durch die Forderung festgelegt, daß die Skalenträger für x und y für einen bestimmten a-Bereich Ellipsen werden sollen. Man gewinnt aber zwei weitere freie Parameter als Formgebungsgrößen, wenn man Abbildung 13 noch einer solchen projektiven Transformation unterwirft, durch die zwar der skalentragende Kreis in sich übergeführt, die Graduierung der u- und der v-Skala aber verändert wird. Ohne Einschränkung der Allgemeinheit kann man noch fordern, daß P_1 fest bleibt. Man gewinnt dann alle möglichen Nomogrammformen mit dem Kreis als Träger der Skalen für u und v, indem man P_2 an irgendeine andere Stelle des Kreises verlegt und ferner noch für einen beliebigen Wert u oder v die Lage des zugehörigen Skalenpunktes auf dem in sich transformierten Kreis vorschreibt. Dann erhält ein Skalenpunkt, der bisher dem Wert u bzw. v zugeordnet war, einen neuen Wert u_1 bzw. v_1, so daß

$$u^2 = \varkappa u_1^2 + \lambda \,, \qquad v^2 = \mu v_1^2 + \nu \,, \qquad (\varkappa, \lambda, \mu, \nu \text{ reelle Konstante}) \tag{3,23}$$

Im transformierten Grundpunkt P_2 ist $u_1 = v_1 = 0$. Sind ξ_2^*, η_2^* seine Koordinaten, so erhält man nach Einsetzen der Parametertransformation (3,23) in (3,19), (3,20) mit $u_1 = v_1 = 0$ die Beziehung:

$$\xi_2^* = \frac{2v_o r^2 \lambda}{r^2\lambda^2 + v_o^2} = \frac{-2v_o r^2 \nu}{r^2\nu^2 + v_o^2}$$

$$\eta_2^* = \frac{2v_o^2 r}{r^2\lambda^2 + v_o^2} = \frac{2v_o^2 r}{r^2\nu^2 + v_o^2}$$

und hieraus $\lambda = -\nu$. Ferner wird noch $\varkappa = \mu$ gesetzt. Damit ergeben sich an Stelle von (3,19), (3,20) die neuen Skalengleichungen:

$$f_1(u) = \frac{2v_0 r^2(\varkappa u^2+\lambda)}{r^2(\varkappa u^2+\lambda)^2+v_0^2}, \qquad g_1(u) = \frac{2v_0^2 r}{r^2(\varkappa u^2+\lambda)^2+v_0^2} \tag{3,24}$$

$$f_2(v) = \frac{-2v_0 r^2(\varkappa v^2-\lambda)}{r^2(\varkappa v^2-\lambda)^2+v_0^2}, \qquad g_2(v) = \frac{2v_0^2 r}{r^2(\varkappa v^2-\lambda)^2+v_0^2} . \tag{3,25}$$

Aus (3,24) oder (3,25) gewinnt man die Gleichungen der zugehörigen projektiven Transformation:

$$\xi_2 = 2v_0 r \frac{\varkappa v_0 \xi_1 + r\lambda\eta_1}{2v_0 r\varkappa\lambda\xi_1+(r^2\lambda^2+v_0^2-\varkappa^2 v_0^2)\eta_1+2v_0^2 r\varkappa^2}$$

$$\eta_2 = \frac{2v_0^2 r\eta_1}{2v_0 r\varkappa\lambda\xi_1+(r^2\lambda^2+v_0^2-\varkappa^2 v_0^2)\eta_1+2v_0^2 r\varkappa^2} . \tag{3,26}$$

Indem man die Transformation (3,26) auf (3,21), (3,22) anwendet, erhält man die Gleichungen der transformierten Skalen für x und y. Die oben genannten Symmetrieeigenschaften sind nicht invariant gegenüber dieser projektiven Transformation. Nun kann man durch geeignete Wahl der Formgebungsgrößen $\varkappa, \lambda$ erreichen, daß in der Umgebung je eines vorgeschriebenen Bezifferungswertes x und y bzw. u und v zu einem vorgegebenen Argumentintervall Δx, Δy bzw. Δu, Δv der größte Teilstrichabstand gehört. Auf diese Weise gewinnt man verschiedene Nomogramme der Funktion, von denen jedes in einem anderen Variablenbereich besonders genaue Ablesungen liefert (vgl. hierzu auch IV,4). Die Abbildungen 14a und 14b zeigen solche Nomogramme mit $\varkappa \neq 1$, $\lambda \neq 0$ für die Bereiche $0{,}05 \leq a \leq 0{,}2$ und $0{,}5 \leq a \leq 1$.

Die Graduierung aller Skalen x,y wie auch u,v drängt sich bei den Nomogrammen vom Typ der Abbildungen 12, 13, 14 in der Nähe von P_1 sehr zusammen. Um aus einem solchen Bild ein Nomogramm zu erhalten, das auch Ablesungen für große Werte von x,y,u,v gestattet, wendet man eine projektive Transformation an, durch die P_1 in einen Fernpunkt, z.B. den Fernpunkt der η-Achse, verwandelt wird. Die Transformationsgleichungen lauten:

$$\xi_1 = \frac{\xi'}{2r\eta'}, \qquad \eta_1 = \frac{\frac{8r^3+1}{2r}\eta' - 1}{2r\eta'} \quad . \qquad (3,27)$$

Wendet man (3,27) auf (3,19) - (3,22) an, so erhalten die Skalengleichungen eine sehr einfache Gestalt:

$$\text{u-Skala:} \quad f_1(u) = \frac{u^2}{2v_0}, \qquad g_1(u) = -f_1^2 + 2r \qquad (3,28)$$

$$\text{v-Skala:} \quad f_2(v) = \frac{-v^2}{2v_0}, \qquad g_2(v) = -f_2^2 + 2r \qquad (3,29)$$

$$\text{x-Skala:} \quad f_3(x) = \frac{-x^2}{2av_0}, \qquad g_3(x) = 2r - f_3^2 - \frac{1}{2av_0} f_3 \qquad (3,30)$$

$$\text{y-Skala:} \quad f_4(y) = \frac{y^2}{2av_0}, \qquad g_4(y) = 2r - f_4^2 - \frac{1}{2av_0} f_4 \quad . \qquad (3,31)$$

Die Träger der Skalen für x und y gehören jetzt dem Büschel von Parabeln

$$a(\xi_1^2 + \eta_1 - 2r) + \frac{1}{2v_0}\xi_1 = 0 \qquad (3,32)$$

an.

Abbildung 15a zeigt ein solches Nomogramm für $\varkappa = 1$, $\lambda = 0$ mit $0{,}05 \leq a \leq 0{,}5$. Auch die Nomogramme vom Typus 15a können der Transformation (3,26) und damit (3,23) unterworfen werden. Für $\lambda \neq 0$, $\varkappa \neq 1$ wandert P_2 in geeigneter Weise auf der Trägerparabel der Skalen für u und v. Abbildung 15b zeigt ein solches Nomogramm mit $0{,}2 \leq a \leq 1{,}0$. Es wurde aus einer Abbildung vom Typ 14 mittels (3,27) gewonnen. - Die eben beschriebenen Nomogramme finden Anwendung bei der Ermittlung der Funktionswerte von zwei der drei JACOBIschen elliptischen Funktionen, wenn diejenigen der dritten bekannt sind. Bei der Herstellung der Nomogramme ist zu beachten, daß aus den Nomogrammen in IV,3 die Funktionswerte der natürlichen Logarithmen dieser Funktionen für die Bereiche $|u| < 4$, $|v| < 4$ ermittelt werden können und daß sich daraus für die Real- und Imaginärteile der JACOBIschen Funktionen selbst Werte etwa im Bereich von -20 bis +20 ergeben. Es sind daher soviele Nomogramme von (3,11) anzulegen, daß in genügend vielen Teilbereichen dieses Bereiches möglichst genaue Ablesungen erfolgen können. Dies ist durch geeignete Wahl der Formgebungsgrößen $\varkappa$ und λ zu erreichen.

2. Transzendente Funktionen

a) $w = \sin z$ (3,33)

Es ist

$$w = \sin z = \sin x \cosh y + i \cos x \sinh y = u(x,y)+iv(x,y) \quad . \quad (3,34)$$

Bildet man nach (2,6) $\Phi(u,v)$, $\Psi(u,v)$, so ergibt sich $\Phi_v = 0$, $\Psi_u = 0$, die Skalenträger für u und v sind also Geraden. Dann findet man für ein Nomogramm mit parallelen Skalen für u und v die Skalenfunktionen mit Hilfe von (2,20) und (1,9), (1,10) zu

$$f_1(u) = 0 \, , \qquad g_1(u) = c_1u^2 + d_1 \qquad (3,35a)$$

$$f_2(v) = c \, , \qquad g_2(v) = c_2v^2 + d_2 \qquad (3,35b)$$

$$f_3(x) = c \, \frac{c_1\sin^2x}{c_1\sin^2x - c_2\cos^2x}$$

$$g_3(x) = \frac{-c_1c_2\sin^2x\cos^2x + c_1d_2\sin^2x - c_2d_1\cos^2x}{c_1\sin^2x - c_2\cos^2x} \qquad (3,36)$$

$$f_4(y) = c \, \frac{c_1\cosh^2y}{c_1\cosh^2y + c_2\sinh^2y}$$

$$g_4(y) = \frac{c_1c_2\cosh^2y\sinh^2y + c_1d_2\cosh^2y + c_2d_1\sinh^2y}{c_1\cosh^2y + c_2\sinh^2y} \quad . \qquad (3,37)$$

Der gemeinsame Träger der x- und der y-Skala ist ein Kegelschnitt mit der expliziten Gleichung:

$$\eta = \frac{-c_1c_2(\frac{\xi}{c})^2 + c_1c_2\frac{\xi}{c}}{c_1(\frac{\xi}{c} - 1) + c_2\frac{\xi}{c}} + (d_2-d_1)\frac{\xi}{c} + d_1 \quad . \qquad (3,38)$$

Im allgemeinen erhält man eine Hyperbel, nur für $c_1 = -c_2$ ergibt sich die Parabel

$$\eta = -c_1(\frac{\xi}{c})^2 + (c_1+d_2-d_1)\frac{\xi}{c} + d_1$$

mit dem Scheitel

$$\xi_s = \frac{c_1+d_2-d_1}{2c_1}, \qquad \eta_s = d_1 + \frac{(c_1+d_2-d_1)^2}{4c_1} \quad .$$

Abbildung 16 zeigt ein Nomogramm mit einer Parabel, Abbildung 17 ein solches mit einer Hyperbel als Träger der Skalen für x und y. Die beiden Nomogramme ergänzen einander hinsichtlich des y-Bereichs.

Durch die projektive Transformation (3,6) werden die durch (3,35) bis (3,37) definierten Nomogramme in solche mit aufeinander senkrechten geraden Skalen für u und v verwandelt. Dann wird

$$F_1(u) = \frac{-1}{g_1(u)} = \frac{-1}{c_1u^2+d_1}, \qquad G_1(u) = 0 \tag{3,39a}$$

$$F_2(v) = 0, \qquad G_2(v) = \frac{-1}{g_2(v)} = \frac{-1}{c_2v^2+d_2} \tag{3,39b}$$

$$\begin{aligned} F_3(x) &= \frac{-c_2\cos^2x}{c_1c_2\sin^2x\cos^2x + c_2d_1\cos^2x-c_1d_2\sin^2x} \\ G_3(x) &= \frac{c_1\sin^2x}{c_1c_2\sin^2x\cos^2x + c_2d_1\cos^2x-c_1d_2\sin^2x} \end{aligned} \tag{3,40}$$

$$\begin{aligned} F_4(y) &= \frac{-c_2\sinh^2y}{c_1c_2\sinh^2y\cosh^2y+c_1d_2\cosh^2y+c_2d_1\sinh^2y} \\ G_4(y) &= \frac{-c_1\cosh^2y}{c_1c_2\sinh^2y\cosh^2y+c_1d_2\cosh^2y+c_2d_1\sinh^2y} \quad . \end{aligned} \tag{3,41}$$

Der die Skalen für x und y tragende Kegelschnitt mit der Gleichung

$$-c_1d_1\xi_1^2+c_2d_2\eta_1^2+(c_1c_2+c_2d_1-c_1d_2)\xi_1\eta_1+c_2\eta_1-c_1\xi_1 = 0 \tag{3,42}$$

wird ein Kreis bzw. eine gleichseitige Hyperbel, wenn

$c_1c_2+c_2d_1-c_1d_2 = 0$ und $c_1d_1 = -c_2d_2$ bzw. $c_1d_1 = +c_2d_2$.

Abbildung 18 zeigt ein Nomogramm mit einem Kreis, Abbildung 19 ein solches mit einer Hyperbel als Skalenträger für x und y. Beide Nomogramme ergänzen einander hinsichtlich des u-Bereiches. (Die u-Skala hat jeweils einen Fernpunkt.)

Die Skalengleichungen (3,35) - (3,37) und (3,39) - (3,41) enthalten je vier Formgebungsgrößen c_1, c_2, d_1, d_2. Aus der so gegebenen ∞^4-fachen Mannigfaltigkeit projektiv äquivalenter Nomogramme wurde außer den Abbildungen 16 bis 19 eine weitere Anzahl so ausgesucht, daß eine gegenseitige Ergänzung der Variablenbereiche, in denen eine gute Ablesemöglichkeit gegeben ist, erreicht wurde. Diese werden in [12] aufgenommen. Vergleiche hierzu auch [6].

In allen Nomogrammen für w = sin z tragen die Skalen x,y,u,v neben den angeschriebenen Bezifferungswerten auch die Werte -x,-y,-u,-v; die x-Skala ist nur für das Intervall $0 < x < \frac{\pi}{2}$ beziffert, doch trägt jeder Punkt der x-Skala abzählbar unendlich viele Bezifferungswerte, die sich alle auf den einen angeschriebenen Wert zurückführen lassen. Eine durch ein Wertepaar x,y festgelegte Ablesegerade führt zunächst auf insgesamt vier mögliche Ablesungen von u und v, aus denen die richtige gemäß der nach (3,34) erstellten Tabelle (s. Abb. 17) ausgesucht werden muß.

In analoger Weise gewinnt man Nomogramme für w = cos z bzw. z = arc cos w. Wegen sin iz = i sinh z und cos iz = cosh z sind die erhaltenen Nomogramme sowohl für Kreis- als auch für Hyperbelfunktionen benutzbar. Man kann aber auch unmittelbar an einem Nomogramm für w = sin z die Funktionswerte von w = cos z ablesen, indem man mit dem Argument $z^* = (\frac{\pi}{2} - x) - iy$ in das Nomogramm eingeht.

In Abbildung 18 trägt die x-Skala eine zweifache Bezifferung. Die mit x_s bezeichnete gilt für die Funktion w = sin z, die mit x_c bezeichnete für w = cos z.

Statt durch <u>ein</u> Fluchtliniennomogramm, bei dem die zu einem Wertequadrupel x,y,u,v gehörigen Skalenpunkte auf <u>einer</u> Ablesegeraden liegen, kann man eine Funktion einer komplexen Veränderlichen u.U. mit Hilfe zweier zusammengesetzter Fluchtliniennomogramme darstellen, nämlich je einem für u = u(x,y), v = v(x,y), vorausgesetzt, daß jede Funktion für sich durch ein Fluchtliniennomogramm darstellbar ist. Im vorliegenden Falle erlauben

α) $u(x,y) = \sin x \cosh y$, β) $v(x,y) = \cos x \sinh y$

je die Darstellung durch ein Nomogramm mit drei geradlinigen parallelen Skalen, nämlich:

α) u-Skala: $\xi = \frac{m_1-m_2}{m_1+m_2}$, $\eta = \frac{m_1 m_2}{m_1+m_2}[\log u - a - b]$

x-Skala: $\xi = -1$, $\eta = m_1[\log \sin x - a]$

y-Skala: $\xi = +1$, $\eta = m_2[\log \cosh y - b]$

β) v-Skala: $\xi = \frac{M_1-M_2}{M_1+M_2}$, $\eta = \frac{M_1 M_2}{M_1+M_2}[\log v - A - B]$

x-Skala: $\xi = -1$, $\eta = M_1[\log \cos x - A]$

y-Skala: $\xi = +1$, $\eta = M_2[\log \sinh y - B]$.

Dabei sind m_1, m_2, a, b sowie M_1, M_2, A, B frei wählbare Konstanten.

b)

$$w = \ln z \tag{3,43}$$

Diese Funktion führt wegen $\Phi_v = 0$, $\Psi_u = 0$, $\tilde{\Phi}_y = 0$, $\tilde{\Psi}_x = 0$ auf ein Nomogramm mit vier geradlinigen Skalenträgern. Nimmt man die Skalen für x und y parallel an, so erhält man folgende Skalengleichungen:

$$f_3(x) = 0 , \quad g_3(x) = c_1 x^2 + d_1 \tag{3,44a}$$

$$f_4(y) = 1 , \quad g_4(y) = c_2 y^2 + d_2 \tag{3,44b}$$

$$f_1(u) = \frac{c_1}{c_1+c_2} , \quad g_1(u) = \frac{c_1 c_2 e^{2u} + c_1 d_2 + c_2 d_1}{c_1 + c_2} \tag{3,45}$$

$$f_2(v) = \frac{c_1}{c_1 - c_2 tg^2 v} , \quad g_2(v) = (d_2 - d_1)\, f_2 + d_1 . \tag{3,46}$$

Die u-Skala ist parallel zu den Skalen für x und y. Nomogramme mit senkrechten Skalen für x und y gewinnt man hieraus durch die projektive Transformation (3,6). Ebenso kann man die Skalen für u und v parallel oder aufeinander senkrecht annehmen und erhält dann sich schneidende Geraden als Träger der Skalen für x und y.

Die Abbildungen 20 und 21 geben Beispiele. An die Skalen für v,x und y wurden nur positive Bezifferungswerte angeschrieben; es sind jedoch diese Skalen mit $\pm v$ bzw. $\pm x$ bzw. $\pm y$ beziffert zu denken. Die v-Skala ist von 0 bis $\pm \pi/2$ beschriftet. Jedoch ist aus (3,46) ersichtlich, daß an die Stelle von $\pm v$ auch $\pm v + n\pi$, n ganz, treten kann. Der Zusammenhang zwischen den Vorzeichen von x, y und dem Bereich der Größe v ist durch die Beziehung $v = \arg z$ gegeben.

Im Vorstehenden wurde für die Funktionen (2,26) und (2,28) angegeben, wie man durch geeignete Wahl der Formgebungsgrößen einen im Hinblick auf die Ablesemöglichkeiten weitgehend vollständigen Satz von Nomogrammen auswählen kann. Dieser wird in großem Maßstab und unter Ausnutzung aller Möglichkeiten der Zeichen- und Reproduktionstechnik zur Erzielung möglichst hoher Ablesegenauigkeit in [12] aufgenommen, während hier nur Beispiele für diese Auswahl durch Bilder belegt sind.

Die Funktion (2,30) wird im Zusammenhang mit IV,3 besprochen, da sie sich dort als Ausartungsfall ergibt. Die Werte der Funktion (2,29) können durch Zusammensetzung von Nomogrammen für (2,28) und (2,27) bestimmt werden.

IV. Nomogramme JACOBIscher elliptischer Funktionen

Nach II,4 sind die Funktionen (2,32) - (2,35) mit $\Delta_1 > 0$ bzw. $\Delta_1 < 0$ je untereinander äquivalent und durch bekannte Modul- und Argumenttransformationen ([8], Tab. 1) ineinander überführbar. Daher genügt es, die Skalengleichungen für einen dieser Fälle zu ermitteln. Hierfür soll die Funktion

$$w = \ln \operatorname{sn}(z, k_s^2) \qquad (4,1)$$

gewählt werden.

1. Die Skalengleichungen

Die nach II,2 geradlinigen Skalen für u und v sollen zunächst nicht parallel sein. Ihre Träger seien gegeben durch:

$$\text{u-Skala:} \quad \eta = a_1 \xi$$

$$\text{v-Skala:} \quad \eta = a_2 \xi \quad .$$

Daher bestimmen sich ihre Skalendarstellungen mit Hilfe der Differentialgleichungen (2,23a), (2,23b) zu:

$$\text{v-Skala:} \quad f_1(v) = \frac{1}{(a_2-a_1)^2(C_1\cos 2v-D_1)}$$

$$g_1(v) = \frac{a_1}{(a_2-a_1)^2(C_1\cos 2v-D_1)} \qquad (4,2)$$

$$\text{u-Skala:} \quad f_2(u) = \frac{-1}{(a_2-a_1)^2(C_2\varphi(u)+D_2)}$$

$$g_2(u) = \frac{-a_2}{(a_2-a_1)^2(C_2\varphi(u)+D_2)}$$

mit $\varphi(u) = \frac{1}{2} \cdot (k_s e^{2u} + \frac{1}{k_s} e^{-2u})$.

Aus (1,9), (1,10) gewinnt man nach längerer Zwischenrechnung schließlich die Skalen für x und y in der Form (4,3), (4,4) (Formeln s. S. 47). Dabei bedeuten x, y, k^2 Abkürzungen für

$$\begin{aligned} x &= x_s(1+k_s) \\ y &= y_s(1+k_s)-(1+k_s)\frac{K'(k_s^2)}{2} \\ k^2 &= \frac{4k_s}{(1+k_s)^2} \end{aligned} \qquad (4,4a)$$

Für den Sonderfall aufeinander senkrechter Skalen für u und v mit der Darstellung

$$\text{u-Skala:} \quad \xi_1 = F_1(u) = 0\,, \qquad \eta_1 = G_1(u)$$

$$\text{v-Skala:} \quad \xi_1 = F_2(v)\,, \qquad \eta_1 = G_2(v) = 0$$

erhält man die Skalengleichungen aus (4,2) - (4,4), indem man hierin setzt:

$$a_2 = -\frac{1}{a_1}, \quad C_1 = c_1 a_1^2, \quad D_1 = d_1 a_1^2,$$

$$C_2 = -c_2 a_1, \quad D_2 = -d_2 a_1$$

und anschließend den Grenzübergang $a_1 \to 0$ vollzieht. Man gelangt so zu den Darstellungen:

x-Skala:

$$f_3(x) = \frac{C_1 k^2 sn^2(x,k^2) cn^2(x,k^2) + C_2 dn^2(x,k^2)}{(a_2-a_1)^2 [C_1 C_2 \{sn^2(x,k^2) dn^2(x,k^2) - cn^2(x,k^2)\} - C_1 D_2 k^2 sn^2(x,k^2) cn^2(x,k^2) - C_2 D_1 dn^2(x,k^2)]}$$

$$g_3(x) = \frac{C_1 a_2 k^2 sn^2(x,k^2) cn^2(x,k^2) + C_2 a_1 dn^2(x,k^2)}{(a_2-a_1)^2 [C_1 C_2 \{sn^2(x,k^2) dn^2(x,k^2) - cn^2(x,k^2)\} - C_1 D_2 k^2 sn^2(x,k^2) cn^2(x,k^2) - C_2 D_1 dn^2(x,k^2)]} \tag{4,3}$$

y-Skala:

$$f_4(y) = \frac{-C_1 cn^2(y,k'^2) dn^2(y,k'^2) + C_2 k^2 sn^2(y,k'^2)}{(a_2-a_1)^2 [C_1 C_2 \{1 - k'^2 sn^4(y,k'^2)\} + C_1 D_2 cn^2(y,k'^2) dn^2(y,k'^2) - C_2 D_1 k^2 sn^2(y,k'^2)]}$$

$$g_4(y) = \frac{-C_1 a_2 cn^2(y,k'^2) dn^2(y,k'^2) + C_2 a_1 k^2 sn^2(y,k'^2)}{(a_2-a_1)^2 [C_1 C_2 \{1 - k'^2 sn^4(y,k'^2)\} + C_1 D_2 cn^2(y,k'^2) dn^2(y,k'^2) - C_2 D_1 k^2 sn^2(y,k'^2)]} \tag{4,4}$$

v-Skala: $F_1(v) = \frac{1}{c_1 \cos 2v - d_1}$, $G_1(v) = 0$

u-Skala: $F_2(u) = 0$, $G_2(u) = \frac{-1}{\frac{c_2}{2}(k_s e^{2u} + \frac{1}{k_s} e^{-2u}) + d_2}$ (4,5) .

x-Skala:

$$F_3(x) = \frac{-c_2 dn^2(x,k^2)}{c_1c_2[cn^2(x,k^2)-sn^2(x,k^2)dn^2(x,k^2)]+c_1d_2k^2sn^2(x,k^2)cn^2(x,k^2)+c_2d_1dn^2(x,k^2)}$$

$$G_3(x) = \frac{-c_1 k^2 sn^2(x,k^2)cn^2(x,k^2)}{c_1c_2[cn^2(x,k^2)-sn^2(x,k^2)dn^2(x,k^2)]+c_1d_2k^2sn^2(x,k^2)cn^2(x,k^2)+c_2d_1dn^2(x,k^2)} \qquad (4,6)$$

y-Skala:

$$F_4(y) = \frac{c_2k^2sn^2(y,k'^2)}{c_1c_2[1-k'^2sn^4(y,k'^2)]+c_1d_2cn^2(y,k'^2)dn^2(y,k'^2)-c_2d_1k^2sn^2(y,k'^2)}$$

$$G_4(y) = \frac{-c_1cn^2(y,k'^2)dn^2(y,k'^2)}{c_1c_2[1-k'^2sn^4(y,k'^2)]+c_1d_2cn^2(y,k'^2)dn^2(y,k'^2)-c_2d_1k^2sn^2(y,k'^2)} \qquad (4,7)$$

Die Gleichungen (4,3), (4,4) und (4,6), (4,7) gelten unabhängig von dem Bereich, dem der Wert k_s^2 angehört (Tab. 1). Zur unmittelbaren Berechnung der Skalen sind sie aber nur geeignet, wenn $0 < k_s^2 < 1$. Für andere Bereiche werden sie zweckmäßig umgerechnet, indem man die auftretenden JACOBI-Funktionen mit Hilfe bekannter Transformationen auf Funktionen eines Hilfsmoduls $0 < k^{*2} < 1$ zurückführt.

Ist z.B. $k_s^2 < 0$, so führt man mittels

$$k^{*2} = -\frac{k_s^2}{k_s'^2} \quad \text{bzw.} \quad k_s^2 = -\frac{k^{*2}}{k^{*'2}} \qquad (4,8)$$

einen neuen Modul k^{*2} ein. Zur Umrechnung der Gleichungen (4,6), (4,7) hat man dann neben (4,8) und der zugehörigen Argumenttransformation zunächst die GAUSSsche[4)] bzw. LANDENsche[4)] Transformation anzuwenden.

4. s.z.B. F. TRICOMI, Elliptische Funktionen, Leipzig 1948, S. 231/232.

Unter Beachtung der Beziehung

$$\frac{i}{2} K'(k_s^2) = \frac{k^{*'}}{2} [K(k^{*2}) + iK'(k^{*2})] \qquad (4,9)$$

gelangt man zu den folgenden Gln. für die x- und die y-Skala:

<u>x-Skala:</u>

$$F_3(x_s) = \frac{c_2 k^* k^{*'}}{c_1 c_2 k^* \operatorname{sn}[\frac{2}{k^{*'}} x_s - K(k^{*2}); k^{*2}] \operatorname{dn}[\frac{2}{k^{*'}} x_s - K(k^{*2}); k^{*2}] + n_1}$$

$$G_3(x_s) = \frac{-c_1 k^{*2} \operatorname{cn}^2[\frac{2}{k^{*'}} x_s - K(k^{*2}); k^{*2}]}{c_1 c_2 k^* \operatorname{sn}[\frac{2}{k^{*'}} x_s - K(k^{*2}); k^{*2}] \operatorname{dn}[\frac{2}{k^{*'}} x_s - K(k^{*2}); k^{*2}] + n_1} \qquad (4,10)$$

mit $n_1 = c_1 d_2 k^{*2} \operatorname{cn}^2[\frac{2}{k^{*'}} x_s - K(k^{*2}); k^{*2}] - c_2 d_1 k^* k^{*'}$

<u>y-Skala:</u>

$$F_4(y_s) = \frac{c_2 k^* k^{*'}}{c_1 c_2 k^{*'} \operatorname{sn}[\frac{2}{k^{*'}} y_s + K'(k^{*2}); k^{*'2}] \operatorname{dn}[\frac{2}{k^{*'}} y_s + K'(k^{*2}); k^{*'2}] + n_2}$$

$$G_4(y_s) = \frac{c_1 k^{*'2} \operatorname{cn}^2[\frac{2}{k^{*'}} y_s + K'(k^{*2}); k^{*'2}]}{c_1 c_2 k^{*'} \operatorname{sn}[\frac{2}{k^{*'}} y_s + K'(k^{*2}); k^{*'2}] \operatorname{dn}[\frac{2}{k^{*'}} y_s + K'(k^{*2}); k^{*'2}] + n_2} \qquad (4,11)$$

mit $n_2 = c_1 d_2 k^{*'2} \operatorname{cn}^2[\frac{2}{k^{*'}} y_s + K'(k^{*2}); k^{*'2}] + c_2 d_1 k^* k^{*'}$.

Für $d_1 = d_2 = 0$ wird $n_1 = n_2 = 0$.

Die Gleichungen für die u- und die v-Skala (4,5) gehen wegen (4,8) mit $ic_2 = \bar{c}_2$ über in:

$$F_1(v) = \frac{1}{c_1 \cos 2v - d_1}, \quad G_2(u) = \frac{-1}{\frac{\bar{c}_2}{2}\left(\frac{k^*}{k^{*'}} e^{2u} - \frac{k^{*'}}{k^*} e^{-2u}\right) + d_2} \quad . \qquad (4,12)$$

Durch die projektive Transformation

$$\xi = \frac{c\eta_1}{\xi_1 + \eta_1}, \qquad \eta = \frac{-1}{\xi_1 + \eta_1}, \qquad (4,13)$$

die Umkehrung von (3,6), erhält man aus (4,5) bis (4,7) und (4,8) bis (4,10) eine Klasse von Nomogrammen mit parallelen geraden Skalen für u und v. Die (4,5) bis (4,7) entsprechenden Gleichungen sind mit den Abkürzungen (4,4a)

$$f_1(v) = 0\,, \qquad g_1(v) = -c_1\cos 2v + d_1$$
$$f_2(u) = c\,, \qquad g_2(u) = \frac{c_2}{2}\left(k_s e^{2u} + \frac{1}{k_s} e^{-2u}\right)+d_2 \tag{4,14}$$

$$f_3(x) = c\,\frac{c_1k^2 sn^2(x,k^2)cn^2(x,k^2)}{c_1k^2 sn^2(x,k^2)cn^2(x,k^2) + c_2 dn^2(x,k^2)}$$
$$g_3(x) = \frac{c_1c_2[cn^2(x,k^2)-sn^2(x,k^2)dn^2(x,k^2)]}{c_1k^2 sn^2(x,k^2)cn^2(x,k^2)+c_2dn^2(x,k^2)} + \frac{f_3(x)}{c}(d_2-d_1)+d_1 \tag{4,15}$$

$$f_4(y) = c\,\frac{c_1 cn^2(y,k'^2)dn^2(y,k'^2)}{c_1cn^2(y,k'^2)dn^2(y,k'^2) - c_2k^2sn^2(y,k'^2)}$$
$$g_4(y) = \frac{c_1c_2[1-k'^2sn^4(y,k'^2)]}{c_1cn^2(y,k'^2)dn^2(y,k'^2)-c_2k^2sn^2(y,k'^2)} + \frac{f_4(y)}{c}(d_2-d_1)+d_1\,, \tag{4,16}$$

während (4,10) bis (4,12) übergehen in

$$f_3(x_s)=c\,\frac{c_1k^* cn^2[\frac{2}{k^{*\prime}} x_s - K(k^{*2});k^{*2}]}{c_1k^* cn^2[\frac{2}{k^{*\prime}} x_s - K(k^{*2});k^{*2}] + c_2k^{*\prime}}$$
$$g_3(x_s)= \frac{c_1c_2 sn\,[\frac{2}{k^{*\prime}} x_s-K(k^{*2});k^{*2}]dn[\frac{2}{k^{*\prime}} x_s-K(k^{*2});k^{*2}]}{c_1k^* cn^2[\frac{2}{k^{*\prime}} x_s-K(k^{*2});k^{*2}] + c_2k^{*\prime}} + \frac{f_3(x_s)}{c}(d_2-d_1)+d_1 \tag{4,17}$$

$$f_4(y_s)=c\,\frac{c_1k^{*\prime} cn^2[\frac{2}{k^{*\prime}} y_s +K'(k^{*2});k^{*\prime 2}]}{c_1k^{*\prime} cn^2[\frac{2}{k^{*\prime}} y_s + K'(k^{*2}); k^{*\prime 2}] - c_2k^*}$$
$$g_4(y_s)= \frac{-c_1c_2 sn\,[\frac{2}{k^{*\prime}} y_s+K'(k^{*2});k^{*\prime 2}]dn[\frac{2}{k^{*\prime}} y_s+K'(k^{*2});k^{*\prime 2}]}{c_1k^{*\prime} cn^2[\frac{2}{k^{*\prime}} y_s+K'(k^{*2});k^{*\prime 2}] - c_2k^*} + \frac{f_4(y_s)}{c}(d_2-d_1)+d_1 \tag{4,18}$$

$$f_1(v) = 0\ , \qquad g_1(v) = -c_1 \cos 2v + d_1$$
$$f_2(u) = c\ , \qquad g_2(u) = \frac{c_2}{2}\left(\frac{k^*}{k^{*\prime}}\, e^{2u} - \frac{k^{*\prime}}{k^*}\, e^{-2u}\right) + d_2 \quad . \tag{4,19}$$

2. Allgemeines über die geometrische Struktur der Nomogramme

Mit Hilfe der Fundamentalrelationen der JACOBIschen elliptischen Funktionen gewinnt man aus (4,6), (4,7) bzw. (4,15), (4,16) die implizite Gleichung des gemeinsamen Skalenträgers der x- und der y-Skala:

$$\begin{aligned}\frac{4k_s}{(1+k_s)^2}\big[(c_1^2-d_1^2)\xi_1^2 + 2(c_1c_2-d_1d_2)\xi_1\eta_1 + (c_2^2-d_2^2)\eta_1^2 \; + \\ - 2d_1\xi_1 - 2d_2\eta_1 - 1\big] - 4c_1c_2\xi_1\eta_1 = 0\end{aligned} \tag{4,20}$$

bzw.

$$\begin{aligned}\frac{4k_s}{(1+k_s)^2}\big[((d_1-d_2)^2 - (c_1-c_2)^2)\xi^2 + 2(d_1-d_2)c\xi\eta + c^2\eta^2 \; + \\ + 2(c_1^2-c_1c_2+d_1d_2-d_1^2)c\xi - 2d_1c^2\eta + (d_1^2-c_1^2)c^2\big] \; + \\ -4c_1c_2\xi(\xi-c) = 0 \quad .\end{aligned} \tag{4,21}$$

Entsprechend erhält man aus (4,10), (4,11) bzw. (4,17), (4,18) als Gleichungen für den gemeinsamen Skalenträger der x- und der y-Skala:

$$(d_1^2-c_1^2)\xi_1^2+2d_1d_2\xi_1\eta_1+(d_2^2+c_2^2)\eta_1^2+2d_1\xi_1+2d_2\eta_1+1+\frac{k_s^2+1}{k_s^2-1}c_1c_2\xi_1\eta_1 = 0 \tag{4,22}$$

bzw.

$$\begin{aligned}\xi^2[(d_1-d_2)^2+c_2^2-c_1^2] + 2(d_1-d_2)c\xi\eta + c^2\eta^2+2c\xi[c_1^2-d_1^2+d_1d_2] \; + \\ -2c^2d_1\eta + c^2(d_1^2-c_1^2) + \frac{k_s^2+1}{k_s^2-1}c_1c_2\xi(c-\xi) = 0 \; .\end{aligned} \tag{4,23}$$

Für jeden festen Wert von k_s^2 stellen die Gleichungen (4,20) bis (4,23) je einen Kegelschnitt dar. Durchläuft k_s^2 alle Werte $k_s^2 \geq 0$, so erhält man in (4,20) bzw. (4,21) je ein Kegelschnittbüschel mit dem Büschelparameter

$$\lambda = \frac{4k_s}{(1+k_s)^2}$$ und vier reellen Grundpunkten, nämlich

für das Büschel (4,20)

$$P_1)\ \xi_1 = -\frac{1}{c_1+d_1}, \quad \eta_1 = 0 \qquad P_2)\ \xi_1 = \frac{1}{c_1-d_1}, \quad \eta_1 = 0$$

$$P_3)\ \xi_1 = 0, \quad \eta_1 = \frac{-1}{c_2+d_2} \qquad P_4)\ \xi_1 = 0, \quad \eta_1 = \frac{1}{c_2-d_2} \tag{4,24}$$

und für das Büschel (4,21)

$$P_1)\ \xi = 0, \quad \eta = d_1+c_1 \qquad P_2)\ \xi = 0, \quad \eta = d_1-c_1$$

$$P_3)\ \xi = c, \quad \eta = d_2+c_2 \qquad P_4)\ \xi = c, \quad \eta = d_2-c_2\ . \tag{4,25}$$

Durchläuft k_s^2 alle Werte $k_s^2 < 0$, so erhält man in (4,22) bzw. (4,23) je ein Kegelschnittbüschel mit zwei reellen Grundpunkten und zwei konjugiert komplexen Grundpunkten, nämlich für das Büschel (4,22)

$$P_1)\ \xi_1 = \frac{-1}{c_1+d_1}, \quad \eta_1 = 0 \qquad P_2)\ \xi_1 = \frac{1}{c_1-d_1}, \quad \eta_1 = 0$$

$$P_3)\ \xi_1 = 0, \quad \eta_1 = -\frac{1}{d_2+c_2 i} \qquad P_4)\ \xi_1 = 0, \quad \eta_1 = -\frac{1}{d_2-c_2 i} \tag{4,26}$$

und für das Büschel (4,23)

$$P_1)\ \xi = 0, \quad \eta = d_1+c_1 \qquad P_2)\ \xi = 0, \quad \eta = d_1-c_1$$

$$P_3)\ \xi = c, \quad \eta = d_2+c_2 i \qquad P_4)\ \xi = c, \quad \eta = d_2-c_2 i\ . \tag{4,27}$$

Über den Typus des zu einem bestimmten Wert des Büschelparameters gehörenden Kegelschnitts als Träger der x- und der y-Skala entscheidet die Invariante

$$I_2 = a_{11}a_{22} - a_{12}^2, \tag{4,28}$$

wobei a_{11}, a_{12}, a_{22} die Koeffizienten von ξ_1^2, $\xi_1\eta_1$, η_1^2 bzw. ξ^2, $\xi\eta$, η^2 in der Büschelgleichung bedeuten. Der Wert von I_2 hängt sowohl von dem Büschelparameter und damit vom Modul k_s^2 als auch von den Formgebungskonstanten c_1, c_2, d_1, d_2 sowie c ab. Dadurch kann man es erreichen, daß z.B. für einen bestimmten k_s^2-Bereich alle Skalenträger für x und y Ellipsen werden. Über die allgemeinen Gesichtspunkte, die für die Wahl der Formgebungskonstanten maßgebend sind, s. IV,4 sowie ausführlicher in [8],5. Für die geometrische Struktur der Nomogramme ist ferner das Diagonaldreieck $\Pi_1 \Pi_2 \Pi_3$, das zu dem vollständigen Viereck $P_1P_2P_3P_4$ gehört, von Bedeutung. Es ist zugleich das gemeinsame Polardreieck des Kegelschnittbüschels mit den Grundpunkten P_1, P_2, P_3, P_4, und daher besitzt es bei den Büscheln mit vier reellen Grundpunkten lauter reelle Eckpunkte und Seiten, bei den Büscheln mit zwei reellen Grundpunkten ist nur der Eckpunkt Π_1 und seine Polare reell. Hierauf wird anläßlich der Behandlung der Nomogramme für die Funktionen (2,32) - (2,35) in IV,3 noch näher eingegangen.

3. Nomogramme für die Funktionen (2,32) bis (2,35) und ihre besonderen Eigenschaften

Abbildung 22 zeigt ein Nomogramm für $w = \ln \operatorname{sn}(z, k_s^2)$ für $0 < k_s^2 < 1$ mit aufeinander senkrechten (geraden) Skalen für u und v. Die Skalenträger für x und y sind Kegelschnitte eines Kegelschnittbüschels (4,20) mit vier reellen Grundpunkten. Nun zeigt sich allgemein, daß auf jedem Kegelschnitt eines solchen Büschels durch die Grundpunkte vier Teilbereiche ausgeschnitten werden derart, daß je einer die x-Skala und einer die y-Skala trägt, während die beiden übrigen von Skalenpunkten frei bleiben. In der Abbildung 22 sind alle skalentragenden Kegelschnitte Hyperbeln. Die Fernpunkte all dieser Hyperbeln gehören aber den unbezifferten Kurventeilen an. Auf jeder Skala beginnt die Beschriftung in einem Grundpunkt mit x = 0 (bzw. y = 0) und endet bei $x = \pm K(k_s^2)$ $\left[\text{bzw. } y = \pm \frac{K'(k_s^2)}{2}\right]$ im nächsten Grundpunkt. Dann läuft sie dieselbe Skala zurück und erreicht im Ausgangspunkt die Werte $x = \pm 2\, K(k_s^2)$ $[\text{bzw. } y = \pm K'(k_s^2)]$ usw. Daher trägt jeder Skalenpunkt eine abzählbar unendliche Folge von Beschriftungsziffern, die sich durch Fortsetzung der eben geschilderten Konstruktion ergeben.

In allen Nomogrammen sind die Skalen für x und u stark durchgezogen, diejenigen für y und v stark gestrichelt. Im allgemeinen sind nur die Skalen für u und v durch Anschreiben der Buchstaben gekennzeichnet. Durchgezogene Skalen ohne Buchstaben sind stets x-Skalen, gestrichelte y-Skalen. Skalenpunkte mit dem Bezifferungswerte 0 sind vielfach, wo es der Platz nicht erlaubt, nur mit einem Nullenkreis an Stelle eines Skalenstriches und einer Ziffernangabe gekennzeichnet. Die Punkte x = const bzw. y = const sind durch Kurven miteinander verbunden. Wegen der mehrdeutigen Bezifferung jedes Skalenpunktes gehen durch jeden

Punkt des Bereiches der ξ-η-Ebene, der von Skalen überdeckt wird, mehrere solcher Kurven; jedoch ist jeweils nur eine eingezeichnet. Diese Kurven ermöglichen eine Interpolation zwischen den Werten k^2 = const, die zur Unterscheidung von den Bezifferungswerten der Skalen in größeren Ziffern an die Skalenträger geschrieben sind.

Bei den Nomogrammen Abbildung 22, 23, 24 ergibt sich für jeden Wert des Moduls k_f^2 eine andere u-Skala, deren Träger die Gerade $\xi = 0$ in den Abbildungen 22 und 24, $\xi = c$ in Abbildung 23 ist. Die u-Skalen sind parallel zu $\xi = 0$ bzw. $\xi = c$ gezeichnet (zur Abbildung 24 auf einem besonderen Blatt), während $\xi = 0$ bzw. $\xi = c$ selbst unbeziffert bleibt und nur einen festen Bezugspunkt 0 erhält. Die Ablesegeraden werden zunächst mit $\xi = 0$ bzw. $\xi = c$ geschnitten. Der Abschnitt vom Bezugspunkt 0 bis zu diesem Schnittpunkt wird dann auf die jeweilige u-Skala übertragen. In Abbildung 22 trägt jede der u-Skalen zwei Beschriftungen, in den Abbildungen 23 und 24 dagegen nur eine. Die Punkte u = const sind zur Ermöglichung einer Interpolation durch Kurven verbunden. Zu Abbildung 22 gehören daher je zwei Kurvenscharen u = const. Welcher von den beiden Graduierungswerten, die durch eine Ablesegerade bestimmt sind, in Frage kommt, ergibt sich aus VI,1, Tabelle 3.

Das Nomogramm Abbildung 22 bietet verhältnismäßig günstige Ablesemöglichkeiten für alle Werte x bzw. y, die nicht zu nahe an 0 und K bzw. 0 und $\frac{K'}{2}$ und Vielfachen von K bzw. $\frac{K'}{2}$ liegen. Abbildung 23 zeigt ein Nomogramm für $w = \ln \operatorname{sn}(z, k_s^2)$, $k_s^2 < 0$, mit parallelen Skalen für u und v. Die Skalenträger für x und y sind Kegelschnitte eines Kegelschnittbüschels mit zwei reellen Grundpunkten. Diese zerlegen jeden skalentragenden Kegelschnitt so in zwei Teile, daß der eine die x-Skala, der andere die y-Skala trägt, die Skalenträger haben keine unbeschrifteten Teile. Für die Ablesungen auf den u-Skalen gilt, was bei Abbildung 22 gesagt wurde. Die Beschriftung beginnt in einem Grundpunkt mit x = 0 bzw. y = 0 und endet bei $x = \frac{1}{2} K(k_s^2)$ bzw. $y = \frac{1}{2} K'(k_s^2)$ im nächsten Grundpunkt. Dort kehrt sie um, so daß wiederum jeder Skalenpunkt wie in Abbildung 22 eine abzählbar unendliche Folge von Beschriftungsziffern trägt. Für den Bereich $k_s^2 > 1$ kann man ein zu Abbildung 22 analoges Nomogramm (Kegelschnittbüschel mit vier reellen Grundpunkten) konstruieren, das sich von Abbildung 22 nur durch die Graduierung unterscheidet.

Da nach II,4 die Funktionen $w = \ln \operatorname{sn}(z, k_s^2)$ und $w = \ln \operatorname{cn}(z, k_c^2)$ äquivalente Lösungen der Differentialgleichungen (2,13) oder (2,14) mit $a_4 = 0$ darstellen, kann man aus einem Nomogramm für $w = \ln \operatorname{sn}(z, k_s^2)$ mit

Hilfe einer Argument- und Modultransformation ein solches für $w = \ln \mathrm{cn}\,(z,k_c^2)$ und die übrigen nach II,4 darstellbaren Funktionen gewinnen. Ersetzt man insbesondere in den Gleichungen (4,17), (4,18) bzw. (4,10), (4,11) die Argumente der auftretenden JACOBI-Funktionen

$$\frac{2}{k^{*\prime}}\, x_s - K(k^{*2})\ , \qquad \frac{2}{k^{*\prime}}\, y_s + K'(k^{*2})$$

durch

$$2y_c - K'\,(k_c^2)\quad , \qquad -\,2x_c - K(k_c^2)$$

und den Modul k^{*2} durch k_c^2, so erhält man aus einem Nomogramm für $w = \ln \mathrm{sn}(z,k_s^2)$ mit $k_s^2 < 0$ ein Nomogramm für $w = \ln \mathrm{cn}(z,k_c^2)$ mit $0 < k_c^2 < 1$. Zugleich ist in den Gleichungen der u-Skala k^* durch k_c zu ersetzen und in den Gleichungen der v-Skala das Glied cos 2v mit (-1) zu multiplizieren. (Dies ergibt sich, wenn man die der genannten Argumenttransformation zugeordnete Transformation der abhängigen Veränderlichen anwendet, so wie dies in II,4 und Tabelle 2 für den Zusammenhang zwischen $w = \ln[\wp(z) - e_2]$ und $w = \mathrm{am}(z,k^2)$ dargelegt ist.) Das in Abbildung 23 dargestellte Nomogramm wird durch diese Umbeschriftung zu einem Nomogramm für $w = \ln \mathrm{cn}(z,k_c^2)$. Durch die projektive Transformation (3,6) geht dieses Nomogramm in ein solches mit aufeinander senkrechten Skalen für u und v über. Ein Ausschnitt aus diesem Nomogramm ist in Abbildung 24 dargestellt. Es ergänzt sich mit dem hier nicht aufgeführten zu Abbildung 23 analogen hinsichtlich der Ablesemöglichkeiten für u. Wegen seiner Entstehung durch die projektive Transformation (3,6) erlaubt es, gerade solche Ablesungen durchzuführen, welche auf u-Werte führen, die in dem zu Abbildung 23 analogen Nomogramm nicht mehr ablesbar sind. Die Skalen für x und y liegen durchweg auf Hyperbeln. Da bei den Nomogrammen mit zwei reellen Grundpunkten die Skalenträger keine unbeschrifteten Teile besitzen, entfällt in Abbildung 24 die Ablesemöglichkeit für die Werte in einer gewissen Umgebung von

$$x = \frac{K(k_c^2)}{2}\ , \qquad y = \frac{K'(k_c^2)}{2}\ ,$$

wie in [8],7 gezeigt wurde. Bei Nomogrammen mit zwei reellen Grundpunkten (Abb. 23 und 24) besitzt das Polardreieck nur einen reellen Eckpunkt und eine einzige reelle Seite. Diese verbindet bei den Nomogrammen für die Funktionen (2,33) - (2,35) alle Punkte mit $x = \frac{K}{2}$, $y = \frac{K'}{2}$. Zusammen mit einem Nomogramm für die Exponentialfunktion

(Beispiele Abb. 20 und 21) erlauben die Nomogramme Abbildungen 22 und 24 und ihnen projektiv äquivalente Nomogramme die Ablesung von Funktionswerten der JACOBIschen elliptischen Funktionen $w = \mathrm{sn}(z,k_s^2)$ und $w = \mathrm{cn}(z,k_c^2)$ für $0 < k_s^2 < 1$, $0 < k_c^2 < 1$. Verbindet man noch mit einem Nomogramm für $z = \sqrt{1 - aw^2}$ (Beispiele Abb. 12 bis 15), so ist auch die Bestimmung von Funktionswerten von $w = \mathrm{dn}(z,k_d^2)$ möglich. Ebenso kann man unter Benutzung einer der Abbildungen 12 bis 15 aus bekanntem $w = \mathrm{sn}(z,k_s^2)$ bzw. $w = \mathrm{cn}(z,k_c^2)$ die Werte von $w = \mathrm{cn}(z,k_c^2)$ bzw. $w = \mathrm{sn}(z,k_s^2)$ ermitteln. Daher ergänzen sich die Nomogramme Abbildungen 22 und 24 ebenfalls hinsichtlich der Ablesemöglichkeiten.

Benutzt man die Gleichungen (4,6), (4,7) bzw. (4,15), (4,16) unmittelbar, ohne daß man x, y, k^2 als Abkürzungen für die in (4,4a) angegebenen mit x_s, y_s, k_s^2 verknüpften Größen ansieht, so erhält man die Gleichungen der x- und der y-Skala eines Nomogramms für die Funktion $w = \mathrm{am}(z,k^2)$ mit aufeinander senkrechten bzw. parallelen Skalen für u und v. Die Skalen für u und v haben die Darstellung

$$\begin{aligned} &\text{u-Skala:} \quad F_1(u) = -\frac{1}{c_1 \cos 2u + d_1}, \quad G_1(u) = 0 \\ &\text{v-Skala:} \quad F_2(v) = 0, \quad G_2(v) = -\frac{1}{c_2 \cosh 2v + d_2} \end{aligned} \tag{4,29}$$

bzw.

$$\begin{aligned} f_1(u) &= 0, \quad g_1(u) = c_1 \cos 2u + d_1, \\ f_2(v) &= c, \quad g_2(v) = c_2 \cosh 2v + d_2. \end{aligned} \tag{4,30}$$

Bei allen Nomogrammen für $w = \mathrm{am}(z,k^2)$ mit reellem k^2, $-\infty < k^2 < +\infty$ gehören die Skalen für x und y einem Kegelschnittbüschel mit vier reellen Grundpunkten an. Seine Gleichung erhält man aus (4,20) bzw. (4,21), indem man dort $\frac{4k_s}{(1+k_s)^2}$ gemäß (4,4a) durch k^2 ersetzt, d.h. der Modul k^2 tritt jetzt unmittelbar als Büschelparameter auf. Im Gegensatz zu den Nomogrammen für $w = \ln \mathrm{sn}(z,k_s^2)$ und $w = \ln \mathrm{cn}(z,k_c^2)$ ergibt sich bei der Darstellung der Funktion $w = \mathrm{am}(z,k^2)$ nur eine einzige Skala für u und eine einzige Skala für v für alle Werte von k^2, wie die Gleichungen (4,29), (4,30) zeigen.

Abbildung 25 zeigt ein Nomogramm für $w = \mathrm{am}(z,k^2)$ mit aufeinander senkrechten Skalen für u und v. Die Formgebungskonstanten c_1, c_2, d_1, d_2 sind so gewählt, daß die Skalen für x und y in einem Teilbereich von

$o < k^2 < 1$ Ellipsen werden. Für $k^2 = 0$ und $k^2 = 1$ zerfällt der skalentragende Kegelschnitt in je ein reelles Geradenpaar, und zwar für $k^2 = 0$ in die Verbindungsgeraden P_1P_2 und P_3P_4 (der Grundpunkt P_4 liegt auf den unbeschrifteten Kurventeilen), für $k^2 = 1$ in P_1P_4 und P_2P_3.

Alle Skalenpunkte

$$x = \frac{K(k^2)}{2} \quad \text{und} \quad y = \frac{K'(k^2)}{2}$$

liegen auf den Seiten des gemeinsamen Polardreiecks $\Pi_1 \Pi_2 \Pi_3$ des Kegelschnittbüschels (s. hierzu II,4, zum Beweis [8],2). Seine Lage erlaubt Rückschlüsse auf die Länge der Teilintervalle der Skalengraduierung (s. hierzu IV,4).

Abbildung 26 ergänzt 25 und zeigt den Einfluß einer Abänderung der Formgebungskonstanten. Während in Abbildung 25 der Eckpunkt Π_3 des Polardreiecks ein Fernpunkt ist, ist in Abbildung 26 das Polardreieck ganz eingezeichnet. In beiden Abbildungen hat die v-Skala denselben Pol, dessen Argument sich aus der Beziehung

$$c_2 \cosh 2v + d_2 = 0$$

ergibt. Um Ablesungen durchführen zu können, die zu v-Werten in der Nähe des Pols der v-Skala in den Abbildungen 25 und 26 führen, muß man sich durch projektive Transformation weitere Abbildungen, insbesondere auch solche mit parallelen Skalen für u und v, verschaffen.

Abbildung 27 zeigt ein solches Nomogramm mit parallelen Skalen für u und v. Die Formgebungskonstanten sind hier so gewählt, daß die Skalenträger für x und y für $k^2 < 0$ Ellipsen werden ($c_1=c_2=1$, $d_1=d_2=0$). Die Grundpunkte P_1, P_2, P_3, P_4 bilden ein Rechteck; daher ist nur noch ein Eckpunkt des Polardreiecks ein eigentlicher Punkt (hier Π_3). Wählt man endlich $c_1=1$, $c_2= -1$, $d_1=d_2=0$, so erhält man ein Nomogramm, das für alle $0 < k^2 < 1$ Ellipsen als Skalenträger für x und y ergibt.

Der Ausartungsfall $k^2 = 1$ führt an Stelle der Funktion $w = am(z,k^2)$ auf die elementare transzendente Funktion $w = \ln tg \frac{z}{2}$ (s. (2,30)). Wenn man unmittelbar berücksichtigt, daß $sn(z,1) = tg\,h\,z$ ist, so läßt sich die Funktion im Ausartungsfall $k^2 = 1$ auch in der Form $w = arc \sin tg\,h\,z$ schreiben.

Entwickelt man die Funktionen $g_1(u) = \cos 2u$, $g_2(v) = \cosh 2v$ in Taylor-Reihen, bricht diese nach dem 2. Glied ab und setzt sie in die Gleichungen

(1,9) und (1,10) ein, so erhält man das in Abbildung 8 dargestellte Gleitkurvennomogramm der Funktion $w = \mathrm{am}(z,k^2)$, $k^2 = 0,5$. Da sich für $|u| < 0,5$, $|v| < 0,5$ die Skalenbezifferungen der geradlinigen Skalen nur wenig von denjenigen des Fluchtliniennomogramms Abbildung 27 unterscheiden, gehen für diesen u-v-Wertebereich und den zugehörigen aus Abbildung 27 zu entnehmenden x-y-Bereich die Verbindungsgeraden aller Wertepaare (u,v), die denselben x-Wert bzw. denselben y-Wert liefern, nahezu durch einen Punkt, d.h. für den genannten u-v-Bereich ist das Gleitkurvennomogramm schon nahezu in ein Fluchtliniennomogramm ausgeartet. Die Kurve $k^2 = 0,5$ in Abbildung 27 ist der Grenzfall des Gleitkurvennomogramms Abbildung 8. Sie ist in Abbildung 8 ebenfalls eingezeichnet und entsteht beim Grenzübergang aus der dort angegebenen Verbindungskurve der Punkte $x = 0$ und $y = 0$.

Nach II,4 ist auch die Funktion $w = \mathrm{am}(\beta z,k^2)$ für solche komplexe Werte von k^2, die einer der drei Gleichungen (2,37) genügen, durch ein Fluchtliniennomogramm darstellbar. Dabei ist $\beta^2 = \frac{2i}{k^2}$. Die zugehörigen Skalengleichungen für x und y, u und v ergeben sich bei parallelen Skalen für u und v aus (4,17), (4,18) zu:

$$f_3(x) = \frac{cc_1 k^* \mathrm{cn}^2\left(\sqrt{\frac{2}{k^* k^{*\prime}}}\, x, k^{*2}\right)}{c_1 k^* \mathrm{cn}^2\left(\sqrt{\frac{2}{k^* k^{*\prime}}}\, x, k^{*2}\right) - c_2 k^{*\prime}}$$

$$g_3(x) = \frac{c_1 c_2 \mathrm{sn}\left(\sqrt{\frac{2}{k^* k^{*\prime}}}\, x, k^{*2}\right) \mathrm{dn}\left(\sqrt{\frac{2}{k^* k^{*\prime}}}\, x, k^{*2}\right)}{c_1 k^* \mathrm{cn}^2\left(\sqrt{\frac{2}{k^* k^{*\prime}}}\, x, k^{*2}\right) - c_2 k^{*\prime}} + (d_2 - d_1)\frac{f_3}{c} + d_1 \tag{4,31}$$

$$f_4(y) = \frac{cc_1 k^{*\prime} \mathrm{cn}^2\left(\sqrt{\frac{2}{k^* k^{*\prime}}}\, y, k^{*\prime 2}\right)}{c_1 k^{*\prime} \mathrm{cn}^2\left(\sqrt{\frac{2}{k^* k^{*\prime}}}\, y, k^{*\prime 2}\right) + c_2 k^*}$$

$$g_4(y) = \frac{-c_1 c_2 \mathrm{sn}\left(\sqrt{\frac{2}{k^* k^{*\prime}}}\, y, k^{*\prime 2}\right) \mathrm{dn}\left(\sqrt{\frac{2}{k^* k^{*\prime}}}\, y, k^{*\prime 2}\right)}{c_1 k^{*\prime} \mathrm{cn}^2\left(\sqrt{\frac{2}{k^* k^{*\prime}}}\, y, k^{*\prime 2}\right) + c_2 k^*} + (d_2 - d_1)\frac{f_4}{c} + d_1 \tag{4,32}$$

u-Skala: $g_1(u) = -c_1 \sin 2u - d_1$ (4,33)

v-Skala: $g_2(v) = c_2 \sinh 2v + d_2$ (4,34)

Darin bedeutet $k^{*2} = \frac{1}{2} - \frac{k^2 - 2}{4k'}$ einen reellen Ersatzmodul.

Für jeden festen Wert von k^2 liegen die Skalen von x und y auf einem Kegelschnitt des Kegelschnittbüschels mit der Gleichung

$$\xi^2[(d_1-d_2)^2+c_2^2-c_1^2]+2(d_1-d_2)c\xi\eta + c^2\eta^2+2c\xi[c_1^2-d_1^2+d_1d_2]+$$
$$-2c^2d_1\eta+c^2(d_1^2-c_1^2)+c_1c_2\xi(c-\xi)\lambda = 0 \qquad (4,35)$$

und dem (reellen) Büschelparameter $\lambda = \frac{k^2-2}{2k'}$.

Abbildung 28 zeigt ein Beispiel eines solchen Nomogramms. An Stelle des komplexen Moduls k^2 ist an die Skalenträger der reelle Hilfsmodul k^{*2} angeschrieben.

Das zu Abbildung 28 gehörige Büschel ist im ganzen identisch mit dem zu Abbildung 23 gehörigen. Doch unterscheiden sich die beiden Abbildungen hinsichtlich des Kurvenparameters und der Beschriftung.

4. Die zweckmäßige Formgebung der Nomogramme im Hinblick auf die Ablesemöglichkeiten

Die Abbildungen 22 bis 27 stellen nur eine kleine Auswahl aus der Fülle projektiv äquivalenter Nomogrammformen dar. Im Hinblick auf die Verwendbarkeit der Nomogramme für die Bedürfnisse der Anwendungsgebiete entsteht die Aufgabe, eine Anzahl solcher Nomogramme so auszuwählen, daß ein jedes von ihnen in anderen Teilbereichen der Veränderlichen x,y,u,v dadurch besonders gute und genaue Ablesemöglichkeiten bietet, daß die Skalen für diesen Bereich einen besonders großen Teilstrichabstand zu vorgegebenem Argumentintervall besitzen. Eingehendere Untersuchungen hierüber wurden im zweiten Teil von [8] angestellt. Das Ergebnis dieser Untersuchungen sei hier in Kürze zusammenfassend mitgeteilt.

Die Ablesegenauigkeit auf einer Skala t ist gekennzeichnet durch die Bogenlänge $\Delta s(t)$, die zu einem festen Argumentschritt Δt gehört. Sie ist proportional zu $\left|\frac{ds}{dt}\right|$. Diese Größe erreicht für die Skalen x,y,u,v an Stellen x_{m_1}, y_{m_2}, u_{m_3}, v_{m_4}, deren Lage von den Formgebungskonstanten

c_1, c_2, d_1, d_2 sowie c und von k^2 abhängt, einen größten Wert. Dabei wird

$$\left(\frac{d^2s}{dx^2}\right)_{x=x_{m_1}} = 0 \ , \quad \text{usw.}$$

Wählt man eine solche Zahl von Kombinationen der Formgebungskonstanten aus, daß x_{m_1} und y_{m_2} im ganzen darzustellenden x- und y-Bereich variieren, so erhält man zu jedem Wertetripel x_{m_1}, y_{m_2} und k^2 ein Nomogramm, das für dieses k^2 eine besonders genaue Ablesung für Argumente x bzw. y in einer gewissen Umgebung von x_{m_1} bzw. y_{m_2} gestattet. Wählt man insbesondere für $w = am(z,k^2)$ die Formgebungskonstanten so, daß für gegebenes k^2 die gesamte Bogenlänge zwischen den Argumenten $x = 0$ bzw. $y = 0$ und $x = \frac{K}{2}$ bzw. $y = \frac{K'}{2}$ gleich der zwischen $x = \frac{K}{2}$ bzw. $y = \frac{K'}{2}$ und $x = K$ bzw. $y = K'$ ist, so wird $x_{m_1} = \frac{K}{2}$, $y_{m_2} = \frac{K'}{2}$. (Bei einer gewissen Wahl der c_i, d_i, wie sie z.B. in Abbildung 27 vorliegen, wird dies unabhängig von k^2 für alle Skalen für x und y erreicht).

Hält man eine der drei Formgebungskonstanten fest, indem man $c_1 = 1$ setzt, so erhält man bis auf Ähnlichkeitstransformationen und Parallelverschiebungen alle Nomogrammformen, indem man noch im Falle paralleler Skalen für u und v die Größen c_2, $d_2 - d_1$ und c, im Falle senkrechter Skalen c_2, d_1 und d_2 nach in [8],5 und 6 dargelegten Gesichtspunkten variiert. Mit Hilfe eines elektronischen Rechengerätes wurden für eine Vielzahl von Wertetripeln der Formgebungskonstanten innerhalb eines gewissen Bereiches Kenngrößen ermittelt, welche Aufschluß über die jeweilige Lage von x_{m_1}, y_{m_2} geben. Als Ausgangspunkte der Rechnung dienten aus Nomogrammskizzen entnommene Werte der Formgebungsgrößen, wobei die in IV,3 gekennzeichneten Eigenschaften des Polardreiecks eine wesentliche Rolle spielen: Das Verhältnis, in dem die Seiten $\Pi_2 \Pi_3$ und $\Pi_2 \Pi_1$ des Polardreiecks die Strecke $\overline{P_1P_2}$ und $\overline{P_2P_3}$ teilen, kann als ein grobes Maß für das Verhältnis $\sigma(x)$ bzw. $\sigma(y)$ aus den Bogenlängen $\widehat{0\,\frac{K}{2}}$, $\widehat{\frac{K}{2}\,K}$ der x-Skala bzw. $\widehat{0\,\frac{K'}{2}}$, $\widehat{\frac{K'}{2}\,K'}$ der y-Skala angesehen werden. Ist $\sigma(x) \sim 1$ bzw. $\sigma(y) \sim 1$, so liegt x_{m_1} etwa bei $\frac{K}{2}$ bzw. y_{m_2} etwa bei $\frac{K'}{2}$.

Ist $\sigma(x) > 1$ bzw. $\sigma(y) > 1$, so gilt: $0 < x_{m_1} < \frac{K}{2}$ bzw. $0 < y_{m_2} < \frac{K'}{2}$.

Ist $\sigma(x) < 1$ bzw. $\sigma(y) < 1$, so gilt: $\frac{K}{2} < x_{m_1} < K$ bzw. $\frac{K'}{2} < y_{m_2} < K'$.

In dieser Form gelten die Überlegungen zunächst für $w = am(z,k^2)$, k^2 reell. Für die übrigen Funktionen sind sie entsprechend der teilweise anderen Bezifferung der Grundpunkte zu modifizieren. So werden z.B. bei $w = \ln sn(z,k_s^2)$, $0 < k_s^2 < 1$ (Abb. 22), zwar alle x-Skalen von einer Seite des Polardreiecks in den Punkten mit dem Argumentwert $x = \frac{K(k_s^2)}{2}$, die y-Skalen jedoch in $y = \frac{K'(k_s^2)}{4}$ geschnitten. Bei der Auswahl einer genügend großen Anzahl von Nomogrammen mit sich günstig ergänzenden Ablesebereichen ist ferner folgendes zu beachten: Nomogramme mit parallelen Skalen für u und v sind günstig für solche Paare x_{m_1}, y_{m_2}, deren Ablesegeraden zu nicht zu großen v-Werten führen. Nomogramme mit aufeinander senkrechten Skalen für u und v sind dagegen gerade für die Ablesung von größeren v-Werten geeignet. Zur Ablesung der JACOBI-Funktionen stehen insgesamt zur Verfügung:

a) Nomogramme für $w = \ln sn(z,k_s^2)$,

b) Nomogramme für $w = \ln cn(z,k_c^2)$,

a) und b) in Verbindung mit einem geeigneten Nomogramm für die Exponentialfunktion,

c) Nomogramme für $w = am(z,k^2)$ in Verbindung mit einem Nomogramm für $w = \sin z$.

Die Nomogramme zu a) weisen einen verhältnismäßig günstigen Abstand der Skalenträger für $0 < k_s^2 < 0{,}3$ auf, während sich die Skalen für Modulwerte $k_s^2 \rightarrow 0{,}5$ immer mehr häufen (Abb. 22). Daher sind die Nomogramme zu a) besonders geeignet für Modulwerte nahe an Null. Konstruiert man außerdem analoge Nomogramme für $w = \ln dn(z,k_d^2)$, so kann man mit deren Hilfe Ablesungen für Modulwerte nahe an Eins machen. Die Nomogramme zu b) und c) dagegen erlauben Ablesungen von Funktionswerten im Modulbereich $0{,}05 \leq k^2 \leq 0{,}95$. Die Nomogramme zu b) sind besonders geeignet für Wertepaare x,y in einer größeren Umgebung von $x = \frac{K}{2}$ bzw. $y = \frac{K'}{2}$, da sie dort für alle k_c^2 den größten Teilstrichabstand zu vorgegebener Argumentdifferenz besitzen. Zum beiderseitigen Anschluß an diesen Bereich benötigt man eine entsprechend große Anzahl von Nomogrammen zu c).

Neben dem Bereich $0 < k^2 < 1$, der im allgemeinen allein in den Tafeln der JACOBI-Funktionen oder elliptischen Integrale eines reellen Arguments berücksichtigt ist, kann man natürlich auch Nomogramme anlegen, die eine unmittelbare Ablesung für $k^2 < 0$ (Abb. 23 und 27) und $k^2 > 1$ ohne Anwendung einer Modul- und Argumenttransformation erlauben.

V. Nomogramme für die Weierstraß'sche $\wp$-Funktion

1. Die Skalengleichungen

Der natürliche Logarithmus der Weierstraß'schen $\wp$-Funktion

$$w = \ln [\wp(z;g_2,g_3) - e_i] \qquad (5,1)$$

mit reellen $g_2 = -4(e_2e_3 + e_3e_1 + e_1e_2)$, $g_3 = 4e_1e_2e_3$ und reeller Wurzel e_i der Gleichung

$$4t^3 - g_2t - g_3 = 4(t-e_1)(t-e_2)(t-e_3) = 0$$

ist nach II,4 und wie in [9] gezeigt wurde, durch ein Fluchtliniennomogramm darstellbar, und zwar sowohl für reelle Werte von e_1,e_2,e_3 als auch für ein konjugiert komplexes Paar e_1,e_3 mit reellem e_2. Die u- und die v-Skala liegen je auf einer Geraden, die x- und die y-Skala hat für jedes feste Wertepaar g_2,g_3 einen Kegelschnitt als Skalenträger.

Wählt man als Träger der Skalen für u und v zwei parallele Geraden mit den Gleichungen $\xi = 0$ und $\xi = c$, so erhält man nach [9] für $w = \ln[\wp(z;g_2,g_3) - e_2]$ die folgenden Skalengleichungen:

$$f_3(x) = \frac{cc_1\wp'^2}{c_1\wp'^2-c_2[(\wp-e_2)^2-\Delta_1/16]^2}$$

$$g_3(x) = \frac{c_1c_2[(\wp-e_1)^2(\wp-e_3)^2-(e_1-e_3)^2(\wp-e_2)^2]}{c_1\wp'^2-c_2[(\wp-e_2)^2-\Delta_1/16]^2} + \frac{f_3(x)}{c}(d_2-d_1)+d_1, \qquad (5,2)$$

$$f_4(y) = \frac{cc_1\wp_-'^2}{c_1\wp_-'^2+c_2[(\wp_-+e_2)^2-\Delta_1/16]^2}$$

$$g_4(y) = \frac{c_1c_2[(\wp_-+e_1)^2(\wp_-+e_3)^2-(e_1-e_3)^2(\wp_-+e_2)^2]}{c_1\wp_-'^2+c_2[(\wp_-+e_2)^2-\Delta_1/16]^2} + \frac{f_4(y)}{c}(d_2-d_1)+d_1, \qquad (5,3)$$

wobei

$$\Delta_1 = 16(e_2-e_1)(e_2-e_3) \ ,$$

$$\wp=\wp(x;g_2,g_3)\,,\ \wp_-=\wp(y;g_2,-g_3)\,,\ \wp'=\wp'(x;g_2,g_3)\,,\ \wp'_-=\wp'(y;g_2,-g_3) \ ,$$

$$\begin{aligned} g_2(u) &= -c_2 \sinh u + d_2 \quad && \text{für} \quad \Delta_1 < 0 \ , \\ g_2(u) &= \ \ c_2 \cosh u + d_2 \quad && \text{für} \quad \Delta_1 > 0 \ , \end{aligned} \tag{5,4}$$

$$\begin{aligned} g_1(v) &= -c_1 \cos v + d_1 \quad && \text{für} \quad \Delta_1 < 0 \ , \\ g_1(v) &= \ \ c_1 \cos v + d_1 \quad && \text{für} \quad \Delta_1 > 0 \ . \end{aligned} \tag{5,5}$$

Die Gleichungen (5,2) und (5,3) lassen sich aus (4,17), (4,18) durch Anwendung der Modul- und Argumenttransformationen gewinnen, die dem Übergang von (2,33) zu (5,1) entsprechen (Tabelle 2 dieser Arbeit und [8], Tabelle 1); (5,4), (5,5) erhält man aus (4,19) durch die entsprechende Transformation der abhängigen Veränderlichen.

Wählt man als Träger der Skalen für u und v zwei aufeinander senkrechte Geraden mit den Gleichungen $\xi_1 = 0$ und $\eta_1 = 0$, so geht das hierzu gehörige Nomogramm aus dem vorhergehenden durch die projektive Transformation (3,6) hervor.

Die Gleichungen der zugehörigen Skalen sind:

$$F_3(x) = \frac{c_2[(\wp-e_2)^2 - \Delta_1/16]^2}{c_1c_2[(\wp-e_1)^2(\wp-e_3)^2-(e_1-e_3)^2(\wp-e_2)^2]+d_2c_1\wp'^2-d_1c_2[(\wp-e_2)^2-\Delta_1/16]^2}$$

$$G_3(x) = \frac{-c_1\wp'^2}{c_1c_2[(\wp-e_1)^2(\wp-e_3)^2-(e_1-e_3)^2(\wp-e_2)^2]+d_2c_1\wp'^2-d_1c_2[(\wp-e_2)^2-\Delta_1/16]^2} \tag{5,6}$$

$$F_4(y) = \frac{-c_2[(\wp_-+e_2)^2 - \Delta_1/16]^2}{c_1c_2[(\wp_-+e_1)^2(\wp_-+e_3)^2-(e_1-e_3)^2(\wp_-+e_2)^2]+d_2c_1\wp_-'^2+d_1c_2[(\wp_-+e_2)^2-\Delta_1/16]^2}$$

$$G_4(y) = \frac{-c_1\wp_-'^2}{c_1c_2[(\wp_-+e_1)^2(\wp_-+e_3)^2-(e_1-e_3)^2(\wp_-+e_2)^2]+d_2c_1\wp_-'^2+d_1c_2[(\wp_-+e_2)^2-\Delta_1/16]^2} \tag{5,7}$$

$$G_2(u) = \frac{1}{c_2 \sinh u - d_2} \text{ für } \Delta_1 < 0, \quad G_2(u) = \frac{-1}{c_2 \cosh u + d_2} \text{ für } \Delta_1 > 0 \tag{5,8}$$

$$G_1(v) = \frac{1}{c_1 \cos v - d_1} \text{ für } \Delta_1 < 0, \quad G_1(v) = \frac{-1}{c_1 \cos v + d_1} \text{ für } \Delta_1 > 0 . \tag{5,9}$$

2. Die geometrische Struktur der Skalenträger

Aus (5,2) und (5,3) gewinnt man die Gleichung des gemeinsamen Trägers der x- und der y-Skala:

$$\xi^2[(d_1-d_2)^2-c_2^2 \frac{\Delta_1}{16} - c_1^2] + 2\,(d_1-d_2)\, c\xi\eta + c^2\eta^2 + \\ + 2c\xi\,[c_1^2-d_1^2+d_1d_2] - 2c^2d_1\eta + c^2(d_1^2-c_1^2) + 3c_1c_2\xi(c-\xi)e_2 = 0, \tag{5,10}$$

aus (5,6), (5,7) die entsprechende Gleichung

$$\xi_1^2(d_1^2-c_1^2)+2d_1d_2\xi_1\eta_1+\eta_1^2(d_2^2-c_2^2 \frac{\Delta_1}{16})+2d_1\xi_1+2d_2\eta_1+1+3c_1c_2e_2\xi_1\eta_1 = 0 . \tag{5,11}$$

Gleichung (5,10) bzw. (5,11) stellt eine lineare Mannigfaltigkeit von ∞^2 Kegelschnitten dar mit den Parametern e_2 und $\Delta_1 = 16(e_2-e_1)(e_2-e_3)$. Die Kegelschnitte dieses Bündels verteilen sich auf ∞^1 Kegelschnittbüschel mit dem Parameter e_2 derart, daß zu jedem Büschel ein fester Wert von Δ_1 gehört. Es läßt sich demnach die Mannigfaltigkeit der ∞^2 Kegelschnitte auf ein Kegelschnittbüschel verringern, indem man einen festen Wert für Δ_1 vorgibt. Zweckmäßig wählt man

$$\Delta_1 = 16(e_2-e_1)(e_2-e_3) = +16 \tag{5,12a}$$

und

$$\Delta_1 = 16(e_2-e_1)(e_2-e_3) = -16 \;. \tag{5,12b}$$

Die Wahl (5,12a) führt zu einem Kegelschnittbüschel mit vier reellen, die Wahl (5,12b) zu einem Kegelschnittbüschel mit zwei reellen Grundpunkten als Träger der x- und der y-Skalen. Sie bedeutet keine Beschränkung auf Nomogramme für Funktionen, deren Invarianten g_2 und g_3 solche Werte haben, daß die zugehörigen e_i den Bedingungen (5,12a) bzw. (5,12b) genügen. Vielmehr läßt sich mit Hilfe eines Nomogramms, das für $\wp(z;e_1,e_2,e_3)$ mit $\Delta_1 = +1$ bzw. $\Delta_1 = -1$ angelegt ist, auch der Wert von $\wp(z^*;e_1^*,e_2^*,e_3^*)$ mit $e_i^* = \lambda e_i$ und

$$\Delta_1^* = 16(e_2^*-e_1^*)(e_2^*-e_3^*) = 16\lambda^2 \qquad (5,13a)$$

bzw. mit $\lambda^2 \neq 1$

$$\Delta_1^* = 16(e_2^*-e_1^*)(e_2^*-e_3^*) = -16\lambda^2 \qquad (5,13b)$$

bestimmen. Es gilt nämlich auf Grund der Homogenitätsrelation der $\wp$-Funktion

$$\wp\,(z^*;e_1^*,e_2^*,e_3^*) = \wp\,(\frac{z}{\sqrt{\lambda}}\ ;\ \lambda e_1,\ \lambda e_2,\ \lambda e_3) = \lambda\wp(z;e_1,e_2,e_3)\ . \qquad (5,14)$$

Demnach ist der ∞^2-fachen Mannigfaltigkeit von $\wp$-Funktionen eine ∞^2-fache Mannigfaltigkeit von x- und y-Skalen zugeordnet, derart, daß ein jeder Kegelschnitt des Büschels (5,10) bzw. (5,11) mit $\Delta_1 = +16$ bzw. $\Delta_1 = -16$ je ∞^1 Skalen für x und für y trägt, wobei jedoch an jede Skala nur eine einzige Bezifferung angeschrieben wird. Aus dieser gewinnt man alle übrigen Bezifferungen mit Hilfe des zugehörigen Graduierungsfaktors $\frac{1}{\sqrt{\lambda}}$.

Je nach den Werten von e_i sind folgende Fälle zu unterscheiden (vgl. auch II,4):

A) Alle e_i seien reell mit

$$e_1 = \mu + \nu, \qquad e_2 = -\,2\mu, \qquad e_3 = \mu - \nu, \qquad \mu,\nu \text{ reell.}$$

Dann ist $g_2^3 - 27g_3^2 = 16(e_1-e_2)^2(e_2-e_3)^2 > 0.$

a) $e_1 > e_2 > e_3$, also $3|\mu| < |\nu|$, d.h. $\Delta_1 < 0$

b) $e_1 > e_3 > e_2$ bzw. $e_2 > e_1 > e_3$, also $3|\mu| > |\nu|$, d.h. $\Delta_1 > 0$.

B) Es sei

$$e_1 = \mu + i\nu, \qquad e_2 = -\,2\mu, \qquad e_3 = \mu - i\nu, \qquad \mu,\nu \text{ reell.}$$

Dann ist $g_2^3 - 27g_3^2 < 0$, stets ist $\Delta_1 > 0$.

Die $\wp$-Funktion mit reellen e_i findet also sowohl eine Darstellung auf den Kurven eines Kegelschnittbüschels mit zwei reellen Grundpunkten als auch auf denen eines Kegelschnittbüschels mit vier reellen Grundpunkten. An Stelle des Büschelparameters e_2, der nur für die den Bedingungen (5,12a) bzw. (5,12b) genügenden Werte von e_1,e_2,e_3 gilt, kann der Parameter $k_\wp^2 = \frac{e_2-e_3}{e_1-e_3}$ treten, der unabhängig von λ ist. Er bleibt also unverändert, wenn man von den e_i zu den e_i^* übergeht.

Im Falle B ist stets $\Delta_1 > 0$, der skalentragende Kegelschnitt hat daher stets vier reelle Grundpunkte. An Stelle des Büschelparameters e_2 kann jetzt die Größe $k_{\wp}^2 = \frac{1}{2} - \frac{3}{4} e_2$ benutzt werden, die jedoch nicht invariant gegenüber den durch (5,14) gekennzeichneten Transformationen der $\wp$-Funktion ist.

Man bestimmt die Funktionswerte $w = \ln[\wp(z;e_1,e_2,e_3) - e_2]$ mit Hilfe eines Nomogramms wie folgt: Man ermittelt das zu den gegebenen e_i gehörige $k_{\wp}^2$. Dann berechnet man $(e_2-e_1)(e_2-e_3) = \lambda^2$. Je nachdem, ob $\lambda^2 > 0$ oder $\lambda^2 < 0$ ist, hat man ein Nomogramm zu benutzen, dessen skalentragendes Kegelschnittbüschel vier oder zwei reelle Grundpunkte hat. Für $\lambda^2 = +1$ gilt die angeschriebene Bezifferung für x und y, für Werte $\lambda \neq 1$ sind die angeschriebenen Bezifferungswerte durch $\sqrt{\lambda}$ zu dividieren.

Sind e_1, e_2, e_3 nicht unmittelbar bekannt, sondern nur g_2, g_3, so kann man $k_{\wp}^2$ nach einem in [9] angegebenen graphischen Verfahren bestimmen.

3. Beispiele

Abbildung 29 zeigt für den Fall Ab ein Nomogramm, das der in Abbildung 22 gegebenen Form entspricht. Es erlaubt Ablesungen im Bereich $1 < k_{\wp}^2 < 2$. Es ist besonders geeignet für Werte $k_{\wp}^2$ nahe 1. Abbildung 30 zeigt ein Nomogramm, das der in Abbildung 23 gegebenen Form, jedoch mit anderen Formgebungskonstanten entspricht. Es ist für Ablesungen im Bereich $0{,}1 \leq k_{\wp}^2 \leq 0{,}9$ geeignet. In den Abbildungen 29 und 30 sind außerdem Tabellen eingetragen, aus denen man die zu einem gegebenen reellen Wertepaar g_2, g_3 gehörigen Werte $k_{\wp}^2$ und e_2 bzw. den zu gegebenen e_1, e_2, e_3 mit $e_1+e_2+e_3 = 0$ gehörigen Wert $k_{\wp}^2$ entnehmen kann. Zusammen mit den angeschriebenen Werten einer Zeile dieser Tabelle führen auch die Werte $\lambda^2 g_2$, $\lambda^3 g_3$ bzw. λe_i zu demselben Wert von $k_{\wp}^2$.

Bezüglich der Bestimmung der Formgebungsgrößen c_i, d_i und der Auswahl einer genügend großen Anzahl von Nomogrammen, die gute Ablesungen in aneinander anschließenden Bereichen für x,y,u,v bieten, gilt das unter IV,5 Gesagte. Die Seiten des Polardreiecks treffen die Skalen für x bzw. y bei Nomogrammen mit vier reellen Grundpunkten (Beispiel Abb. 29) in den Punkten mit den Argumenten $x = \omega_1/4$ bzw. $y = |\omega_3|/2$ (ω_1, ω_3 bilden ein primitives Periodenpaar der zugehörigen $\wp$-Funktion, dessen Verhältnis rein imaginär ist). Bei Nomogrammen mit zwei reellen Grundpunkten (Beispiel Abb. 30) besitzt das Polardreieck nur einen reellen Eckpunkt und eine reelle Seite. Sie trifft die x-Skalen in den Punkten $x = \omega_1$, die y-Skalen in den Punkten $y = |\omega_3|$.

VI. Abschließende Bemerkungen

1. Die Mehrdeutigkeit der Ablesungen

Bei allen in IV,3 und V,3 dargestellten Funktionen tragen die Skalen für x und y und die nach einer trigonometrischen Funktion beschrifteten Skalen (v-Skala in den Abbildungen 22 bis 24 und 29, 30, u-Skala in den Abbildungen 25 bis 28) eine abzählbar unendliche Mannigfaltigkeit von Beschriftungsziffern, von denen in den Abbildungen jeweils nur eine einzige angeschrieben ist. Die Veränderlichen können zudem im allgemeinen positive und negative Werte annehmen. Soweit nur positive oder nur negative Werte zugelassen sind, ist das ausdrücklich durch Vorsetzen eines Zeichens + oder - in der Beschriftung gekennzeichnet. Ein und dieselbe durch Vorgabe von x und y festgelegte Ablesegerade gehört daher jeweils zu abzählbar unendlich vielen Wertepaaren x,y, und sie schneidet die u- und die v-Skala in zwei Punkten, von denen der eine wiederum abzählbar unendlich viele, der andere ein oder zwei Beschriftungsziffern trägt. Daher bedarf es einer zusätzlichen Vorschrift, die angibt, wie man zu einem eindeutig bestimmten Wertepaar x,y das zugeordnete Wertepaar u,v richtig auszuwählen hat, wenn man das zu der trigonometrischen Beschriftungsfunktion gehörige Argument auf das Intervall $<-\pi, +\pi>$ beschränkt. Die Ermittlung einer solchen Zuordnungsvorschrift wurde in [8],12 für die in IV behandelten Funktionen und in [9] für die in V behandelte Funktion dargelegt und ist in der nachstehenden Tabelle 3 zusammengefaßt.

Für die Funktion $w = \mathrm{am}(\beta z, k^2)$, β^2, k^2 komplex, (Beispiel Abb. 28) sind die Ablesungen im Intervall

$$-\sqrt{\frac{k^* k^{*\prime}}{2}}\, K(k^{*2}) < x < +\sqrt{\frac{k^* k^{*\prime}}{2}}\, K(k^{*2})$$

und

$$-\sqrt{\frac{k^* k^{*\prime}}{2}}\, K'(k^{*2}) < y < +\sqrt{\frac{k^* k^{*\prime}}{2}}\, K'(k^{*2})$$

eindeutig.

2. Ablesebeispiele und Genauigkeitsfragen

In den Abbildungen sind Ablesebeispiele eingetragen. Zum Vergleich sind die errechneten Funktionswerte angegeben. Diese sind in den Abbildungen 22 bis 30 mit Hilfe einer Tafel der JACOBI-Funktionen eines reellen Arguments errechnet. Die Ablesebeispiele in den Abbildungen 12 bis 21

Tabelle 3

	x-Intervall		y-Intervall		u-Ablesung		v-Ablesung
$w=\ln sn(z,k_s^2)$ $k_s^2>0$	$0<x<K(k_s^2)$		α) $0<y<\frac{K'(k_s^2)}{2}$ $-\frac{K'(k_s^2)}{2}<y<0$	β) $\frac{K'(k_s^2)}{2}<y<K'(k_s^2)$ $-K'(k_s^2)<y<-\frac{K'(k_s^2)}{2}$	α) 1.Kurvenschar	β) 2.Kurvenschar	$0<v<\frac{\pi}{2}$ $-\frac{\pi}{2}<v<0$
	$K(k_s^2)<x<2K(k_s^2)$		α) $0<y<\frac{K'(k_s^2)}{2}$ $-\frac{K'(k_s^2)}{2}<y<0$	β) $\frac{K'(k_s^2)}{2}<y<K'(k_s^2)$ $-K'(k_s^2)<y<-\frac{K'(k_s^2)}{2}$	α) 1.Kurvenschar	β) 2.Kurvenschar	$-\frac{\pi}{2}<v<0$ $0<v<\frac{\pi}{2}$
	$-K(k_s^2)<x<0$		α) $0<y<\frac{K'(k_s^2)}{2}$ $-\frac{K'(k_s^2)}{2}<y<0$	β) $\frac{K'(k_s^2)}{2}<y<K'(k_s^2)$ $-K'(k_s^2)<y<-\frac{K'(k_s^2)}{2}$	α) 1.Kurvenschar	β) 2.Kurvenschar	$\frac{\pi}{2}<v<\pi$ $-\pi<v<-\frac{\pi}{2}$
	$-2K(k_s^2)<x<-K(k_s^2)$		α) $0<y<\frac{K'(k_s^2)}{2}$ $-\frac{K'(k_s^2)}{2}<y<0$	β) $\frac{K'(k_s^2)}{2}<y<K'(k_s^2)$ $-K'(k_s^2)<y<-\frac{K'(k_s^2)}{2}$	α) 1.Kurvenschar	β) 2.Kurvenschar	$-\pi<v<-\frac{\pi}{2}$ $\frac{\pi}{2}<v<\pi$
$w=\ln sn(z,k_s^2)$ $k_s^2<0$	$0<x<K(k_s^2)$		$0<y<K'(k_s^2)$ $-K'(k_s^2)<y<0$		eindeutig		$0<v<\frac{\pi}{2}$ $-\frac{\pi}{2}<v<0$
	$K(k_s^2)<x<2K(k_s^2)$		$0<y<K'(k_s^2)$ $-K'(k_s^2)<y<0$		eindeutig		$-\frac{\pi}{2}<v<0$ $0<v<\frac{\pi}{2}$
	$-K(k_s^2)<x<0$		$0<y<K'(k_s^2)$ $-K'(k_s^2)<y<0$		eindeutig		$\frac{\pi}{2}<v<\pi$ $-\pi<v<-\frac{\pi}{2}$
	$-2K(k_s^2)<x<-K(k_s^2)$		$0<y<K'(k_s^2)$ $-K'(k_s^2)<y<0$		eindeutig		$-\pi<v<-\frac{\pi}{2}$ $\frac{\pi}{2}<v<\pi$
$w=\ln cn(z,k_c^2)$ $0<k_c^2<1$	$0<x<K(k_c^2)$		$0<y<K'(k_c^2)$ $-K'(k_c^2)<y<0$		eindeutig		$-\frac{\pi}{2}<v<0$ $0<v<\frac{\pi}{2}$
	$K(k_c^2)<x<2K(k_c^2)$		$0<y<K'(k_c^2)$ $-K'(k_c^2)<y<0$		eindeutig		$-\pi<v<-\frac{\pi}{2}$ $\frac{\pi}{2}<v<\pi$
	$-K(k_c^2)<x<0$		$0<y<K'(k_c^2)$ $-K'(k_c^2)<y<0$		eindeutig		$0<v<\frac{\pi}{2}$ $-\frac{\pi}{2}<v<0$
	$-2K(k_c^2)<x<-K(k_c^2)$		$0<y<K'(k_c^2)$ $-K'(k_c^2)<y<0$		eindeutig		$\frac{\pi}{2}<v<\pi$ $-\pi<v<-\frac{\pi}{2}$
$w=am(z,k^2)$ k^2 reell	$0<x<K(k^2)$		α) $0<y<K'(k^2)$	β) $-K'(k^2)<y<0$	$0<u<\frac{\pi}{2}$		α) $v>0$ / β) $v<0$
	$K(k^2)<x<2K(k^2)$		α) $0<y<K'(k^2)$	β) $-K'(k^2)<y<0$	$\frac{\pi}{2}<u<\pi$		α) $v>0$ / β) $v<0$
	$-K(k^2)<x<0$		α) $0<y<K'(k^2)$	β) $-K'(k^2)<y<0$	$-\frac{\pi}{2}<u<0$		α) $v>0$ / β) $v<0$
	$-2K(k^2)<x<-K(k^2)$		α) $0<y<K'(k^2)$	β) $-K'(k^2)<y<0$	$-\pi<u<-\frac{\pi}{2}$		α) $v>0$ / β) $v<0$
$w=\ln(p(z)-e_2)$ $e_1>e_2>e_3$	$-\omega_1<x<0$		$-|\omega_3|<y<0$ $0<y<|\omega_3|$		eindeutig		$-\pi<v<0$ $0<v<\pi$
	$0<x<\omega_1$		$-|\omega_3|<y<0$ $0<y<|\omega_3|$		eindeutig		$0<v<\pi$ $-\pi<v<0$
$w=\ln(p(z)-e_2)$ $e_2>e_1>e_3$	α) $0<x<\frac{\omega_1}{2}$	β) $\frac{\omega_1}{2}<x<\omega_1$	α) und β) $0<y<|\omega_3|$ $|\omega_3|<y<2|\omega_3|$		α) $u>0$ $u>0$	β) $u<0$ $u<0$	$-\pi<v<0$ $0<v<\pi$
	γ) $\omega_1<x<\frac{3\omega_1}{2}$	δ) $\frac{3\omega_1}{2}<x<2\omega_1$	γ) und δ) $0<y<|\omega_3|$ $|\omega_3|<y<2|\omega_3|$		γ) $u<0$ $u<0$	δ) $u>0$ $u>0$	$0<v<\pi$ $-\pi<v<0$

schließen an Beispiele aus den Abbildungen 22 bis 27, 29 und 30 an, um zu zeigen, wie man nicht nur die Werte der in diesen Abbildungen dargestellten Funktionen graphisch ermitteln, sondern durch Zusammensetzung mehrerer Fluchtliniennomogramme auch die Werte aller JACOBI-Funktionen und der Weierstraß'schen $\wp$-Funktion selbst bestimmen kann. Die Aufeinanderfolge der Ablesevorgänge ist aus den jeweiligen Fußnoten ersichtlich. Die in den Abbildungen 12 bis 21 unter "Berechnung" angegebenen Werte beziehen sich nicht unmittelbar auf die Ablesungen an diesen Abbildungen, sondern auf die aus den Beispielen der Abbildungen 22 bis 27, 29 und 30 zu entnehmenden berechneten Werte. Es zeigt sich, daß die Fehler, soweit die Ablesegeraden Skalenpunkte aus dem nach IV,4 günstigen Ablesebereich verbinden, durchweg unter 1 % bleiben. Gegen den Rand dieses Bereiches steigen sie naturgemäß an. Man kann daraus schließen, daß beim Vorliegen einer nach IV,4 ausgewählten genügend großen Anzahl von Nomogrammen die Funktionswerte der JACOBI-Funktionen durchweg mit einer Genauigkeit von 1 % für Real- und Imaginärteil bestimmt werden können. (Es ist insbesondere auch möglich, wie in [8],10 gezeigt wurde, die Werte c_i, d_i bei Nomogrammen mit aufeinander senkrechten Skalen für u und v so zu wählen, daß auch Argumentwerte in der Nähe der Grundpunkte mit genügender Genauigkeit erfaßt werden können.)

Dabei ist zu berücksichtigen, daß die in den Abbildungen des vorliegenden Berichtes erreichte Ablesegenauigkeit für das in Vorbereitung befindliche Nomogrammwerk durch Darstellung in großem Maßstab sowie zeichen- und reproduktionstechnische Maßnahmen noch gesteigert werden kann. Der größere Maßstab ermöglicht ferner eine dichtere Graduierung, die ebenfalls zur Erhöhung der Ablesegenauigkeit beiträgt. Um dies darzulegen, ist in dem vorliegenden Bericht in den Abbildungen 23 und 24 ebenfalls eine dichtere Graduierung der Skalen für x und y vorgenommen ($\Delta_x = \Delta_y = 0{,}01$, während im allgemeinen bei den übrigen Abbildungen $\Delta_x = \Delta_y = 0{,}05$ gewählt wurde). Es ist daher zu erwarten, daß viele der in der Einleitung genannten technischen Aufgaben, bei denen die elliptischen Funktionen eines komplexen Arguments Anwendung finden, durch Benutzung der im vorstehenden Bericht entwickelten und in dem Nomogrammwerk enthaltenen Nomogramme unter wesentlicher Verkürzung des Zeitaufwandes vorteilhaft und mit ausreichender Genauigkeit behandelt werden können.

3. Erweiterungsmöglichkeiten und Ausblick

Durch Kombination je zweier zu verschiedenen Modulwerten gehörigen Funktionen (2,32) bzw. (2,33) usw. findet man weitere durch ein Fluchtliniennomogramm darstellbare analytische Funktionen, nämlich aus (2,32)

$$\mathrm{am}[\tilde{ß}_I(z_I - C_{2I}),\ k_I^2] = \mathrm{am}[\tilde{ß}_{II}(z_{II} - C_{2II}),\ k_{II}^2], \tag{6,1}$$

aus (2,33)

$$\mathrm{sn}[ß_{sI}(z_I - C_{2Is}), k_{sI}^2] = \mathrm{sn}[ß_{sII}(z_{II} - C_{2IIs}), k_{sII}^2] \tag{6,2}$$

und entsprechende Funktionen aus (2,34) - (2,36). Nomogramme der Funktionen (6,1), (6,2) usf. sind bereits in den unter IV,3 und V,3 angeführten Abbildungen enthalten: Irgend zwei zu zwei verschiedenen Modulwerten k_I^2, k_{II}^2 bzw. k_{sI}^2, k_{sII}^2 gehörige Kurven der Kegelschnittbüschel in den Abbildungen 25 bis 28 bzw. 22, 23 liefern dann samt ihrer Graduierung die Skalen für x_I, y_I und x_{II}, y_{II} eines Nomogramms der Funktionen (6,1) bzw. (6,2) usf.

Weiter ergibt sich auf Grund bekannter Relationen für die JACOBIschen elliptischen Funktionen[5)], daß auch die Logarithmen der Quotienten zweier JACOBIscher Funktionen und die aus ihnen durch die zu (6,1), (6,2) analoge Kombination zu gewinnenden Funktionen durch ein Fluchtliniennomogramm darstellbar sind. So ist z.B. wegen

$$\mathrm{sn}(z, k_s^2) = i\,\frac{\mathrm{sn}(iz,\ k_s'^2)}{\mathrm{cn}(iz,\ k_s'^2)}$$

auch die Funktion

$$w_1 = \ln \frac{\mathrm{sn}(z_1, k_1^2)}{\mathrm{cn}(z_1, k_1^2)} = \ln \mathrm{sc}(z_1, k_1^2) \tag{6,3}$$

darstellbar mit

$$z_1 = i\,z\,, \qquad w_1 = w - i\,\frac{\pi}{2}\,, \qquad k_1^2 = k_s'^2$$

und damit auch die Funktion

$$\mathrm{sc}(z_1, k_1^2) = \mathrm{sc}(z_2, k_2^2)\ . \tag{6,4}$$

---

5. F. TRICOMI, a.a.O., S. 206.

Abbildung 22 liefert sowohl ein Nomogramm der Funktion (6,3) als auch (6,4), wenn man die Skalenbezeichnungen x und y vertauscht und für die Funktion (6,3) die u-Skala in Abbildung 22 mit der u_1-Skala identifiziert, während die v_1-Skala durch die Umbezifferung $v_1 = v - \frac{\pi}{2}$ aus der v-Skala von Abbildung 22 gewonnen wird.

Die Überlegungen lassen sich ferner erweitern auf Systeme von Funktionen zweier reeller Veränderlichen, die an Stelle der Cauchy-Riemannschen Differentialgleichungen durch ein allgemeineres System von partiellen Differentialgleichungen erster Ordnung miteinander verknüpft sein können (ihm entsprechen dann zwei Differentialgleichungen zweiter Ordnung für zwei allgemeinere komjugierte Funktionen). So kann man z.B. Nomogramme für gewisse Klassen konjugierter Lösungen der eindimensionalen Wellengleichung entwickeln u.a. mehr, wie in einem späteren Bericht dargelegt werden soll.

Zusammenfassung

Mit Hilfe des Begriffes der Gleitkurven wurde eine systematische Theorie der nomographischen Darstellbarkeit von Funktionen einer komplexen Veränderlichen entwickelt, die auf einfachen geometrischen Überlegungen aufgebaut ist. Es zeigt sich, daß man jede beliebige derartige Funktion durch ein in der Praxis allerdings etwas umständlich zu handhabendes Gleitkurvennomogramm darstellen kann. Als Beispiele werden solche Nomogramme sowohl für einfache rationale als auch für nicht elementare transzendente Funktionen angegeben. Den Gleitkurvennomogrammen kommt nun insofern eine erhebliche theoretische Bedeutung zu, als aus ihnen als Ausartungsfall Nomogramme mit vier Punktskalen gewonnen werden können. Es ergibt sich eine notwendige und hinreichende Bedingung für die Darstellbarkeit einer analytischen Funktion durch ein Fluchtliniennomogramm, und es gelingt, alle darstellbaren Funktionen zu ermitteln, s. hierzu auch [8]. Es zeigt sich, daß neben einigen wenigen algebraischen Funktionen alle elementaren transzendenten Funktionen und insbesondere elliptische Funktionen und elliptische Integrale erster Gattung nomographisch darstellbar sind. Über weitere darstellbare Funktionen vgl. VI,3. Neben allgemeinen Untersuchungen über die geometrische Struktur dieser Nomogramme und ihre zweckmäßige Formgebung werden zahlreiche Beispiele angegeben.

Die vorstehenden Untersuchungen bilden die Grundlage für die Herstellung eines umfangreichen Tabellenwerkes mit Nomogrammen für die Funktionen $w = am(z,k^2)$, $w = \ln cn(z,k_c^2)$, $w = \ln sn(z,k_s^2)$, $w = \ln[\wp(z;e_1,e_2,e_3)-e_2]$, sowie der erforderlichen Hilfsfunktionen $w = \sin z$, $w = e^z$, $aw^2 + z^2 = 1$, das demnächst erscheinen wird. Die dort enthaltenen Nomogramme sind auf Grund der Überlegungen in IV,4 ausgewählt im Hinblick auf eine möglichst vollständige Kombination der Ablesemöglichkeiten von Real- und Imaginärteil von z und w. Sie sind mit Hilfe elektronischer Rechengeräte berechnet und mit Hilfe eines Präzisionskoordinatographen unter Einhaltung aller möglichen Sicherungsmaßnahmen hinsichtlich der Maßhaltigkeit von Zeichenblatt und Reproduktion aufgetragen.

Ein Teil der umfangreichen numerischen Rechnung zu diesem Bericht und zu [8] wurde durch Gewährung von Rechenzeit aus der Spende zur Förderung der Wissenschaft auf der IBM 704 in Paris ermöglicht, wofür dem beratenden Kommitee zur Verwaltung der Spende und dem Institut Européen du calcul scientifique in Paris besonderer Dank gebührt.

Frau Stud. Ass. E. HAUPT danke ich für die ständige Unterstützung und Mitwirkung bei all diesen Untersuchungen und für die Berechnung und Konstruktion der meisten veröffentlichten Nomogramme. Bei der Konstruktion der Abbildungen zu III hat auch Herr Stud. Ref. H. BEISSMANN mitgewirkt.

Prof. Dr. rer. techn. Fritz Reutter

Literaturverzeichnis

[1] SCHERER, A. — Allgemeine Herleitung singulärer Lösungen der biharmonischen Gleichung am Beispiel einer Dreiecksplatte mit freiem Rand. Diss. Aachen 1955

BÖHNING, A. — Die Berechnung von Einflußflächen der dreiseitig sowie der allseits angespannten Quadratplatte. Diss. Aachen 1956

HEINEN, R. — Beitrag zur Berechnung von Einflußflächen schiefwinkliger Platten. Ing. Arch., 26 (1958), S. 268-287

[2] MILNE-THOMSON, L.M. — Jacobian Elliptic Function Tables (fünfstellig), New York 1950

SPENCELEY — Smithonian elliptic functions tables (zwölfstellig), Washington 1947

SCHULER, M. und H. GEBELEIN — Tabellen zu den elliptischen Funktionen, dargestellt mittels des Jacobischen Parameters. Berlin, Göttingen, Heidelberg 1955, kleine Ausgabe (fünfstellig), große Ausgabe (achtstellig)

LEGENDRE, A.M. — Tafeln der ellipt. Normalintegrale, herausgegeben von Fritz Emde, Stuttgart 1931

[3] RYBNER, J. — General Electric Review. 33 (1930), S. 164-178

[4] SCHWERDT, H. — Die Anwendung der Nomographie in der Mathematik. Berlin 1931, S. 124 ff (s. auch ZAMM 4 (1924), S. 314-323)

[5] ZIMMERMANN, F. — Archiv für Elektrotechnik. 32 (1938), S. 789-798

[6] RYBNER, J. — Nomograms of Complex Hyperbolic Functions 2nd. Edition, Copenhagen 1955

[7] REUTTER, F. — Nomographische Darstellung von Funktionen einer komplexen Veränderlichen. ZAMM 36 (1956), S. 258-260, s.a. ZAMM 37 (1957), S. 260-261

[8] REUTTER, F. — Geometrische Untersuchungen über Nomogramme für elliptische Integrale erster Gattung und Jacobische elliptische Funktionen. Teil I, ZAMM 40 (1960), Heft 7/8, Teil II, ZAMM 40 (1960), Heft 11/12

[9] REUTTER, F. — Eine geometrische Darstellung der Weierstraß'schen $\wp$-Funktion, ZAMM 41 (1961)

[10] VILNER, I.A. — Doklady de l'Acad. d. Sciences URSS LIII (1946) und Math.Sbornik, 27 (1950), S. 3-46

[11] GRONWALL, T.H. — Journ. de Math. pures et appl. (6e serie) VIII (1912), p. 59-102

[12] REUTTER, F. und D. HAUPT — Sammlung von Nomogrammen hoher Genauigkeit für elliptische Funktionen und elementare transzendente Funktionen eines komplexen Arguments. Erscheint im Verlag G. Braun, Karlsruhe

[13] BLASCHKE, W. und G. BOL — Geometrie der Gewebe, Berlin 1938

[14] PAULY, H. — Zur Theorie der anamorphosierbaren Funktionensysteme. Diss. Aachen 1960

[15] HAUPT, D. — Beiträge zur theoretischen und praktischen Nomographie. Diss. Aachen 1960

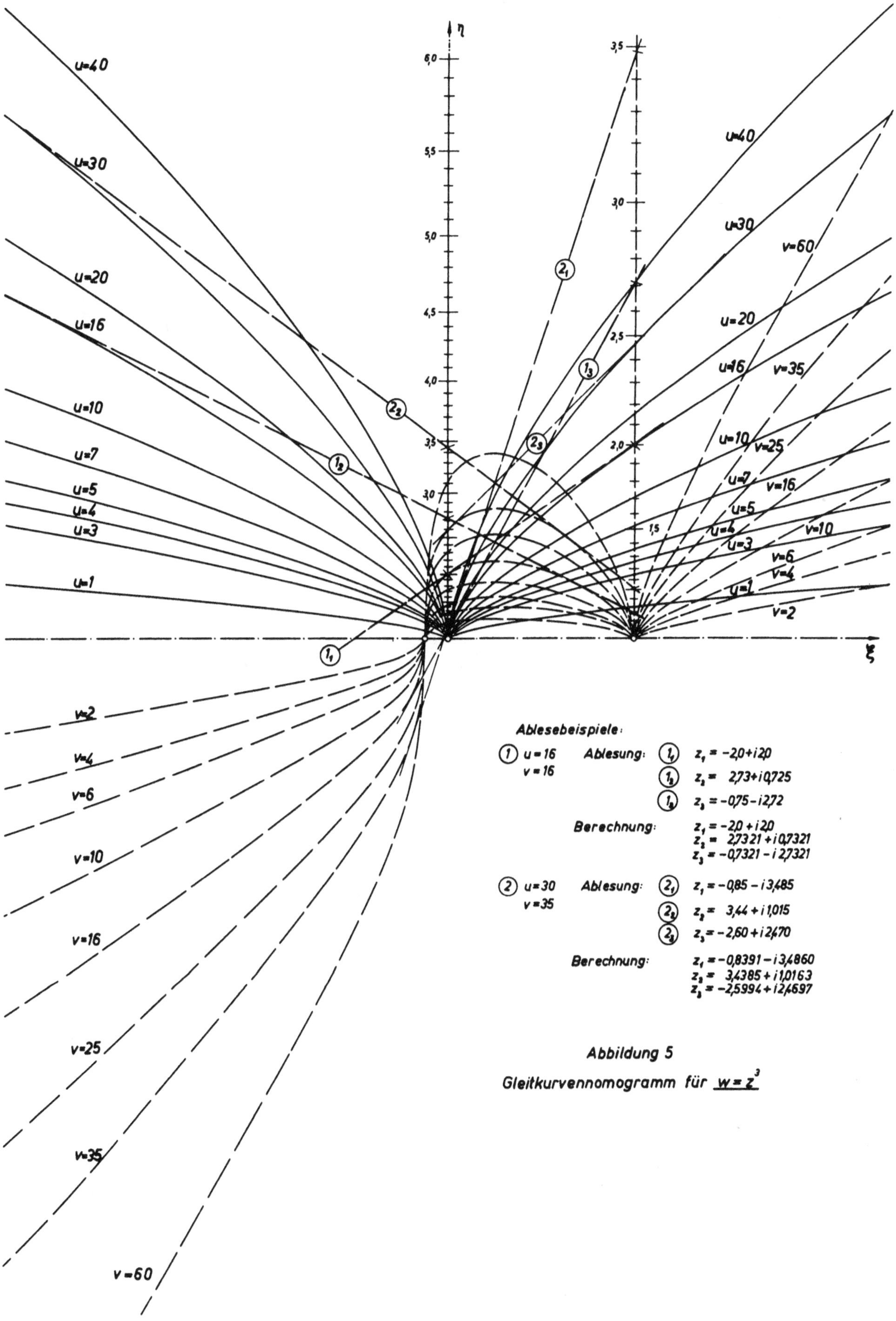

Abbildung 5

Gleitkurvennomogramm für $\underline{w = z^3}$

Beispiele: $z = \sqrt[3]{w}$

(1) Ablesung: $w = -52 - i47$; $z_1 = -4 - i$ $z_2 \approx 2{,}89 - i3$ *) $z_3 \approx 1{,}06 + i3{,}94$ *)

Berechnung: $w = -52 - i47$; $z_1 = -4 - i$ $z_2 = 2{,}8660 - i2{,}9641$ $z_3 = 1{,}1340 + i3{,}9641$

(2) Ablesung: $w = -10 + i198$; $z_1 = 5 + 3i$ $z_2 \approx 0{,}11 - i5{,}33$ *) $z_3 \approx -5{,}11 + i2{,}89$ *)

Berechnung: $w = -10 + i198$; $z_1 = 5 + 3i$ $z_2 = 0{,}0981 - i5{,}8301$ $z_3 = -5{,}0981 + i2{,}8301$

*) Werte durch lineare Interpolation bzw. Extrapolation gewonnen.

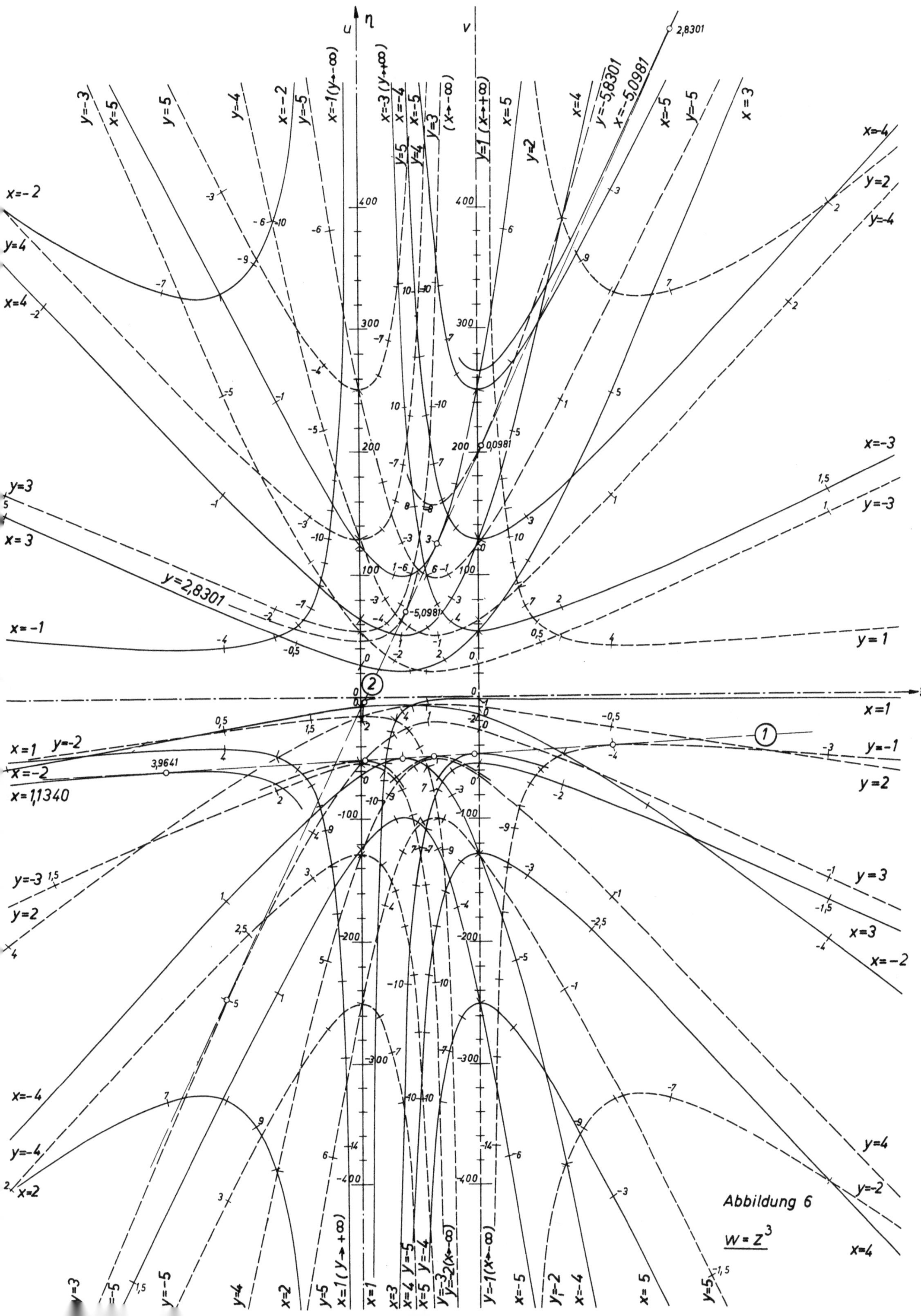

Abbildung 6

$w = z^3$

Das obere Vorzeichen der x-Werte bezieht sich jeweils auf $a = +1$, das untere auf $a = -1$. Die angeschriebenen y-Werte gehören sowohl zu $a = +1$, als auch zu $a = -1$. Zu einer Ablesegeraden gehört jeweils ein Wertepaar x,y ohne und ein Wertepaar mit Klammern.

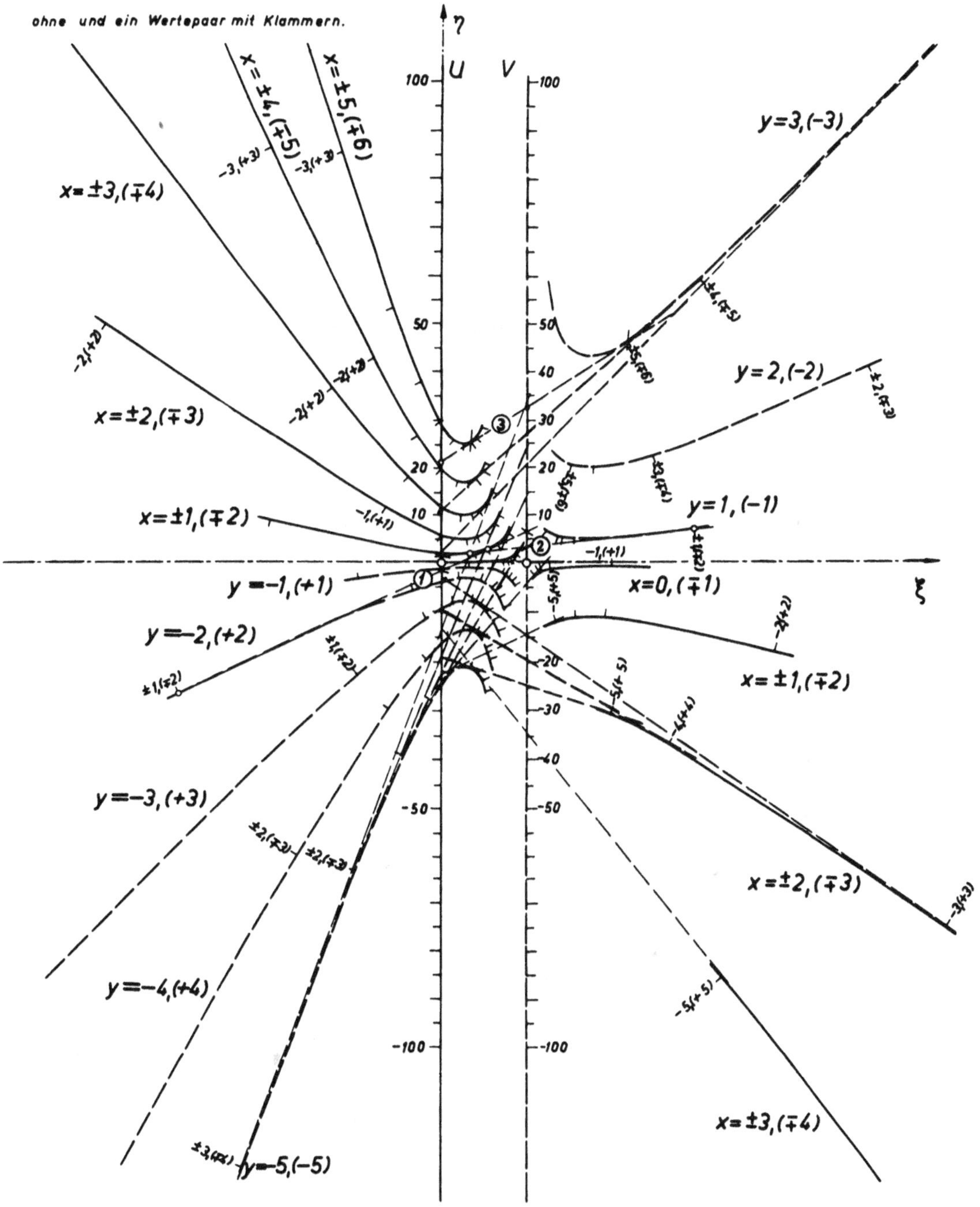

Beispiele: $a = +1$

① Ablesung: $z = 1 + i2$; $w = -2 + i6$
Berechnung: $z = 1 + i2$; $w = -2 + i6$

② Ablesung: $z = 1 + i1$; $w = 1 + i3$
Berechnung: $z = 1 + i1$; $w = 1 + i3$

③ Ablesung: $w = 21 + i33$; $z_1 = 5 + i3$, $z_2 = -6 - i3$
Berechnung: $w = 21 + i33$; $z_1 = 5 + i3$, $z_2 = -6 - i3$

Abbildung 7

$w = z^2 + az$

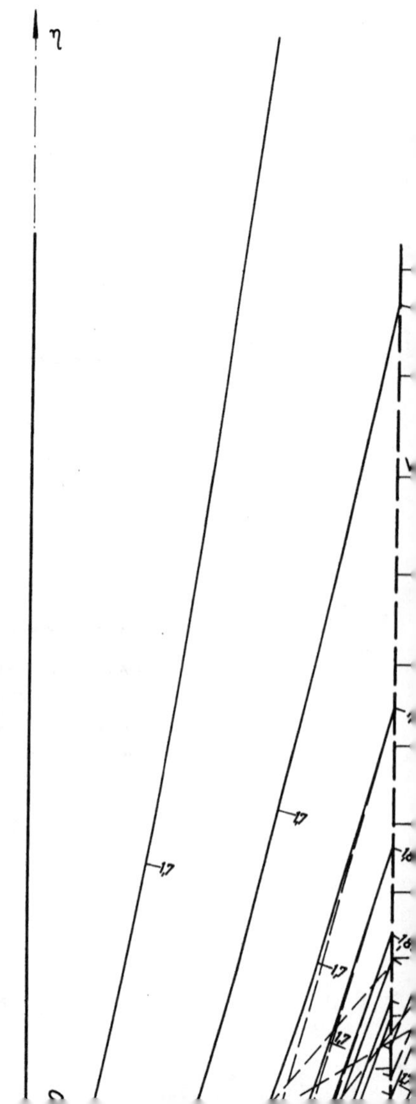
η

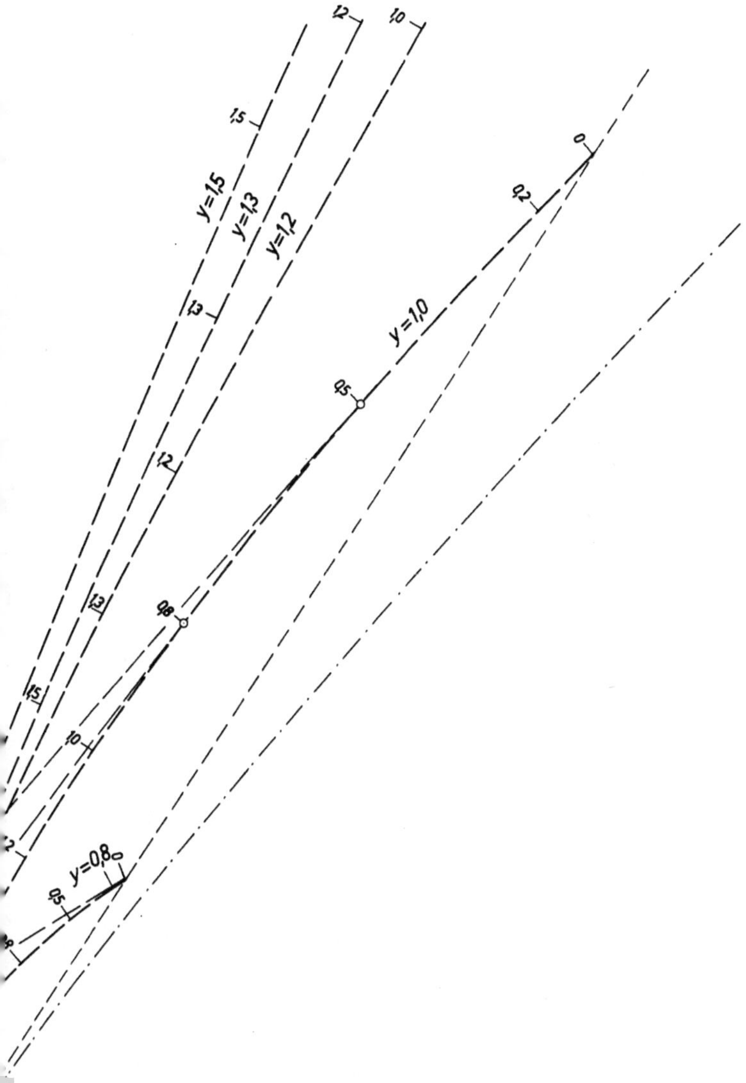
y=1,5
y=1,3
y=1,2
y=1,0
y=0,8

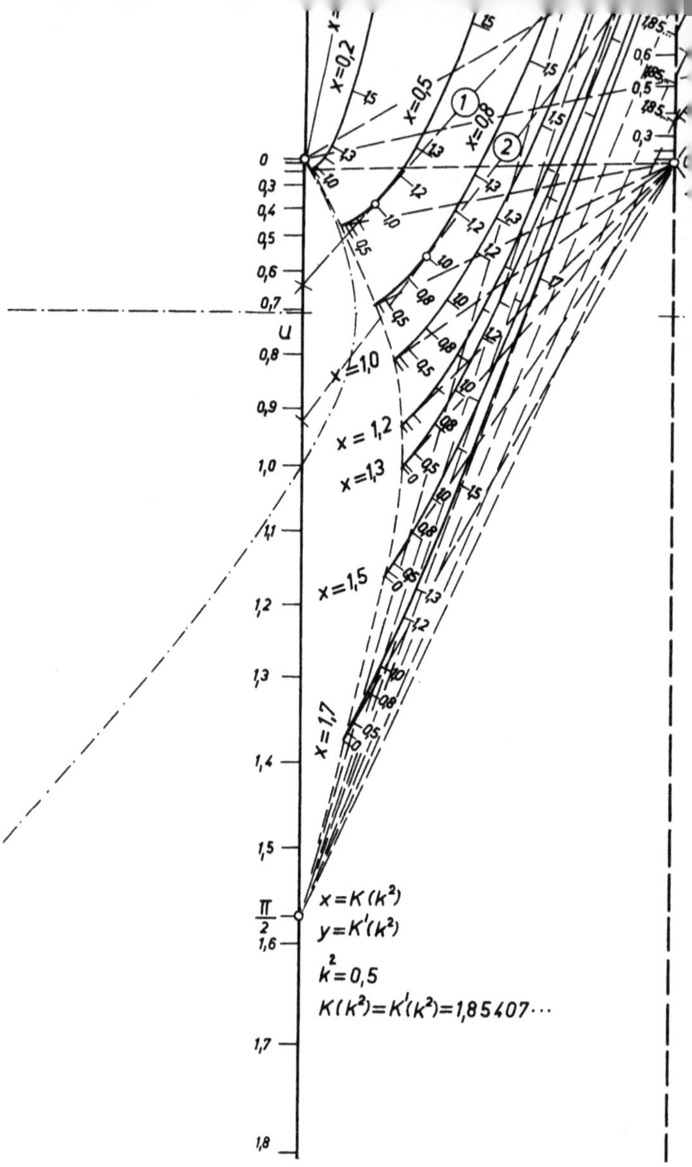

x=0,2
x=0,5
x=0,8
x=1,0
x = 1,2
x=1,3
x=1,5
x=1,7
u
0
0,3
0,4
0,5
0,6
0,7
0,8
0,9
1,0
1,1
1,2
1,3
1,4
1,5
π/2
1,6
1,7
1,8
1,85
$x=K(k^2)$
$y=K'(k^2)$
$k^2=0,5$
$K(k^2)=K'(k^2)=1,85407\cdots$

ξ

Beispiele: $w = \mathrm{am}(z; k^2)$

① *Ablesung:* $\mathrm{am}(0{,}5 + i\,1{,}0;\ 0{,}5) = 0{,}635 + i\,0{,}990$

Berechnung: $\mathrm{am}(0{,}5 + i\,1{,}0;\ 0{,}5) = 0{,}6351 + i\,0{,}9896$

② *Ablesung:* $\mathrm{am}(0{,}8 + i\,1{,}0;\ 0{,}5) = 0{,}922 + i\,0{,}867$

Berechnung: $\mathrm{am}(0{,}8 + i\,1{,}0;\ 0{,}5) = 0{,}9225 + i\,0{,}8686$

Abbildung 8

$\underline{w = \mathrm{am}(z; k^2)}$

$k^2 = 0{,}5$

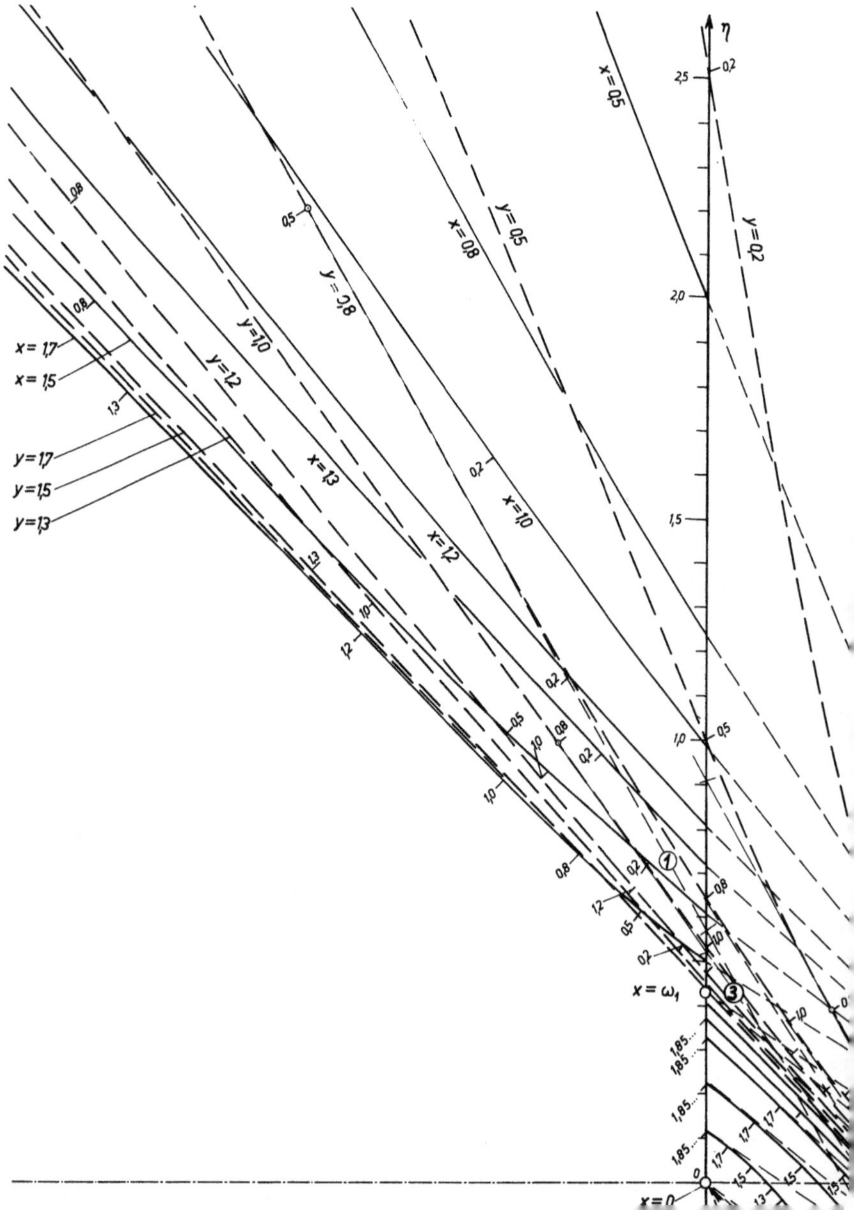

η
2,5
2,0
1,5
1,0
x=0,5
y=0,2
x=0,8
y=0,5
y=0,8
y=1,0
y=1,2
x=1,0
x=1,2
x=1,3
x=1,7
x=1,5
y=1,7
y=1,5
y=1,3
x = ω₁
x=0

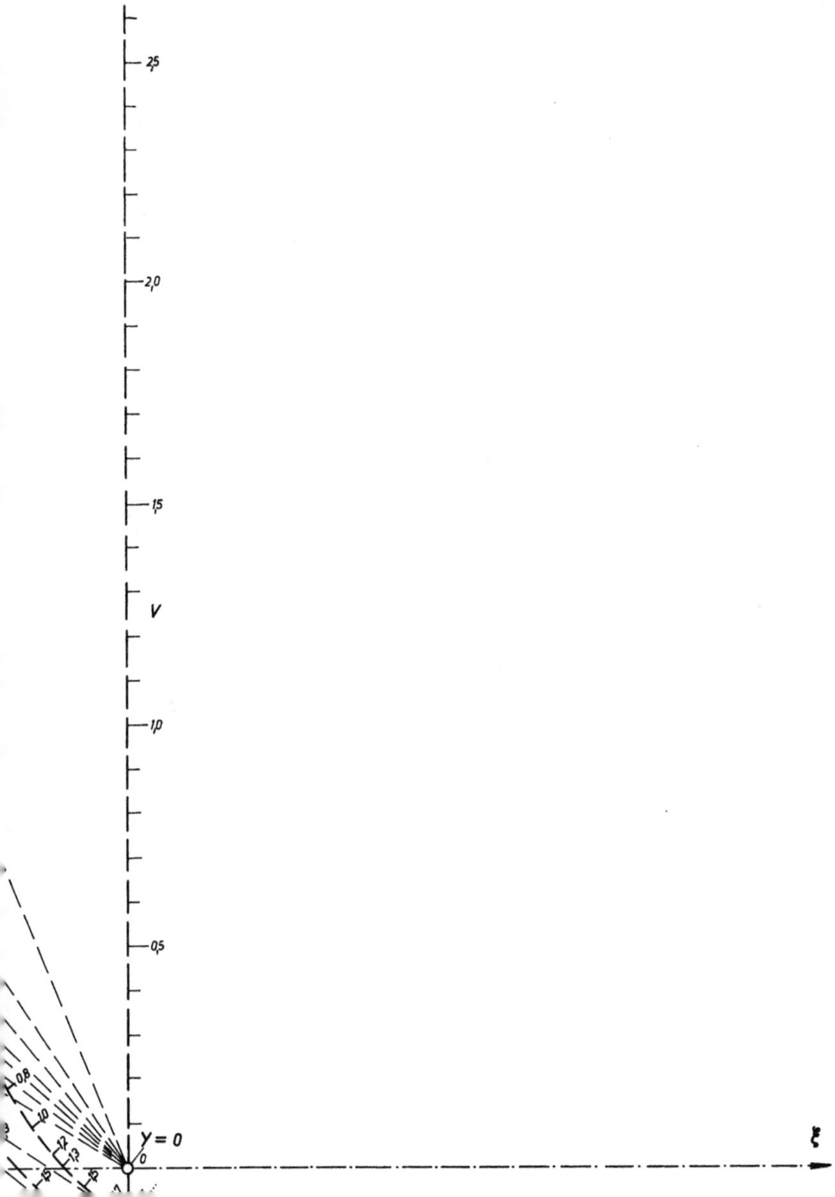

2,5
2,0
1,5
V
1,0
0,5
0,8
1,0
1,2
1,3
V = 0
0
ξ

Beispiel (1)

Ablesung: $\wp(0{,}5+i\,0{,}8;\ 1{,}0) = 0{,}571 - i\,0{,}906$

Berechnung: $\wp(0{,}5+i\,0{,}8;1{,}0) = 0{,}5757 - i\,0{,}9004$

Beispiel (2)

Ablesung: $\wp(0{,}8+i\,0{,}5;1;0) = -0{,}906 + i\,0{,}571$

Berechnung: $\wp(0{,}8+i\,0{,}5;1;0) = -0{,}9004 + i\,0{,}5757$

Beispiel (3)

Ablesung: $\wp(0{,}8+i\,1{,}0;1;0) = 0{,}518 - i\,0{,}625$

Berechnung: $\wp(0{,}8+i\,1{,}0;1;0) = 0{,}5186 - i\,0{,}6251$

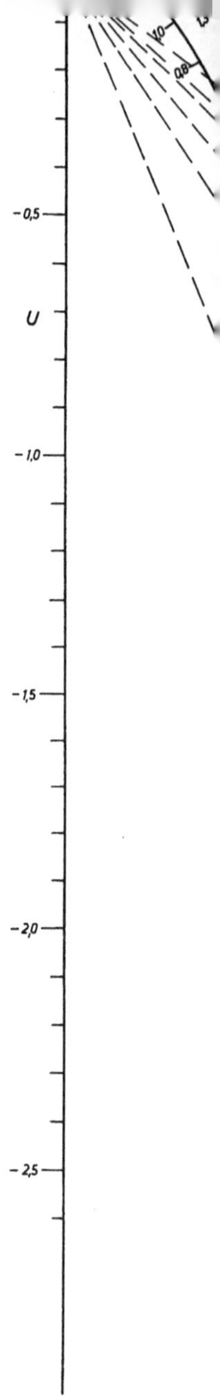

Abbildung 9

Gleitkurvennomogramm für

$w = \wp(z;g_2,g_3)$

mit $g_2 = 1,\ g_3 = 0$

$\omega_1 = |\omega_3| = 1{,}85407\ldots$

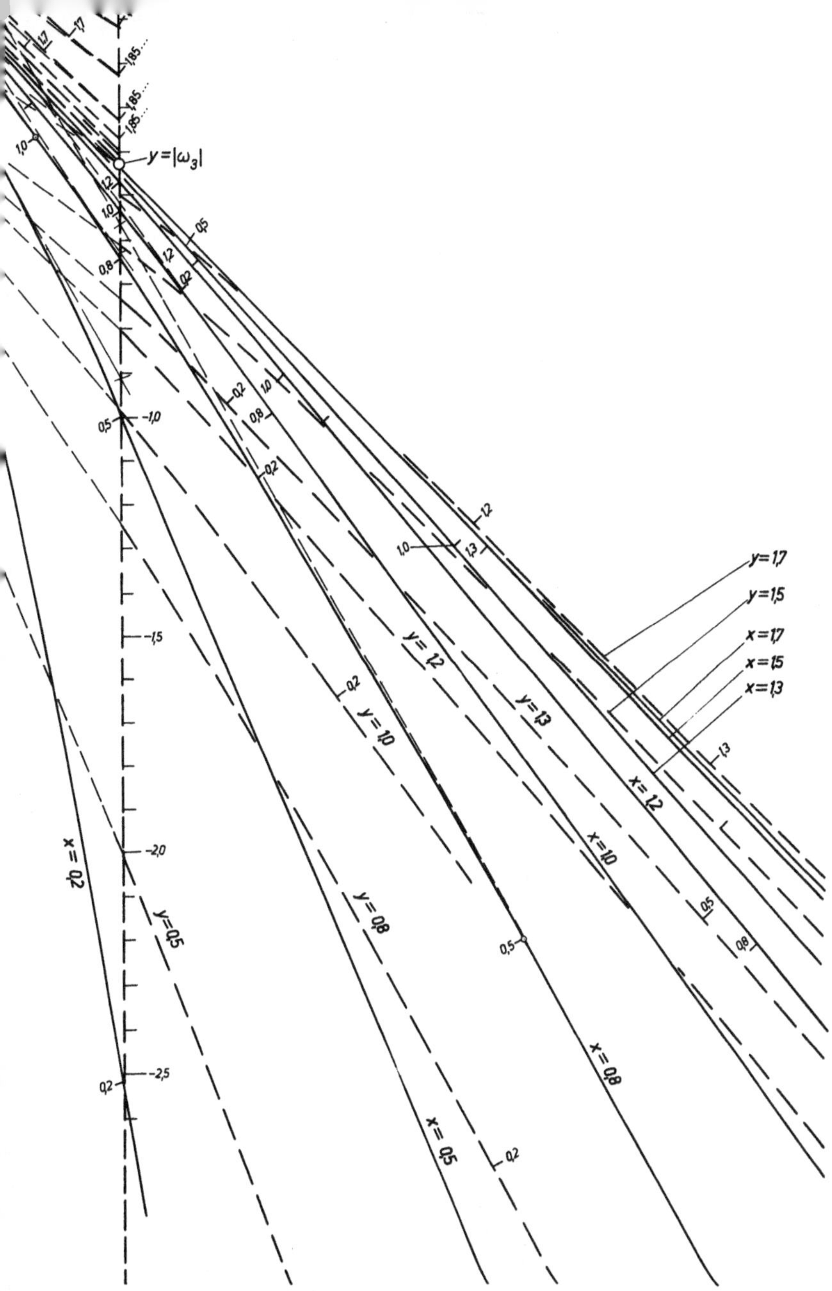

y = |ω3|
y = 1,7
y = 1,5
x = 1,7
x = 1,5
x = 1,3
y = 1,2
y = 1,3
x = 1,2
y = 1,0
x = 1,0
x = 0,2
y = 0,5
y = 0,8
x = 0,5
x = 0,8
-1,0
-1,5
-2,0
-2,5

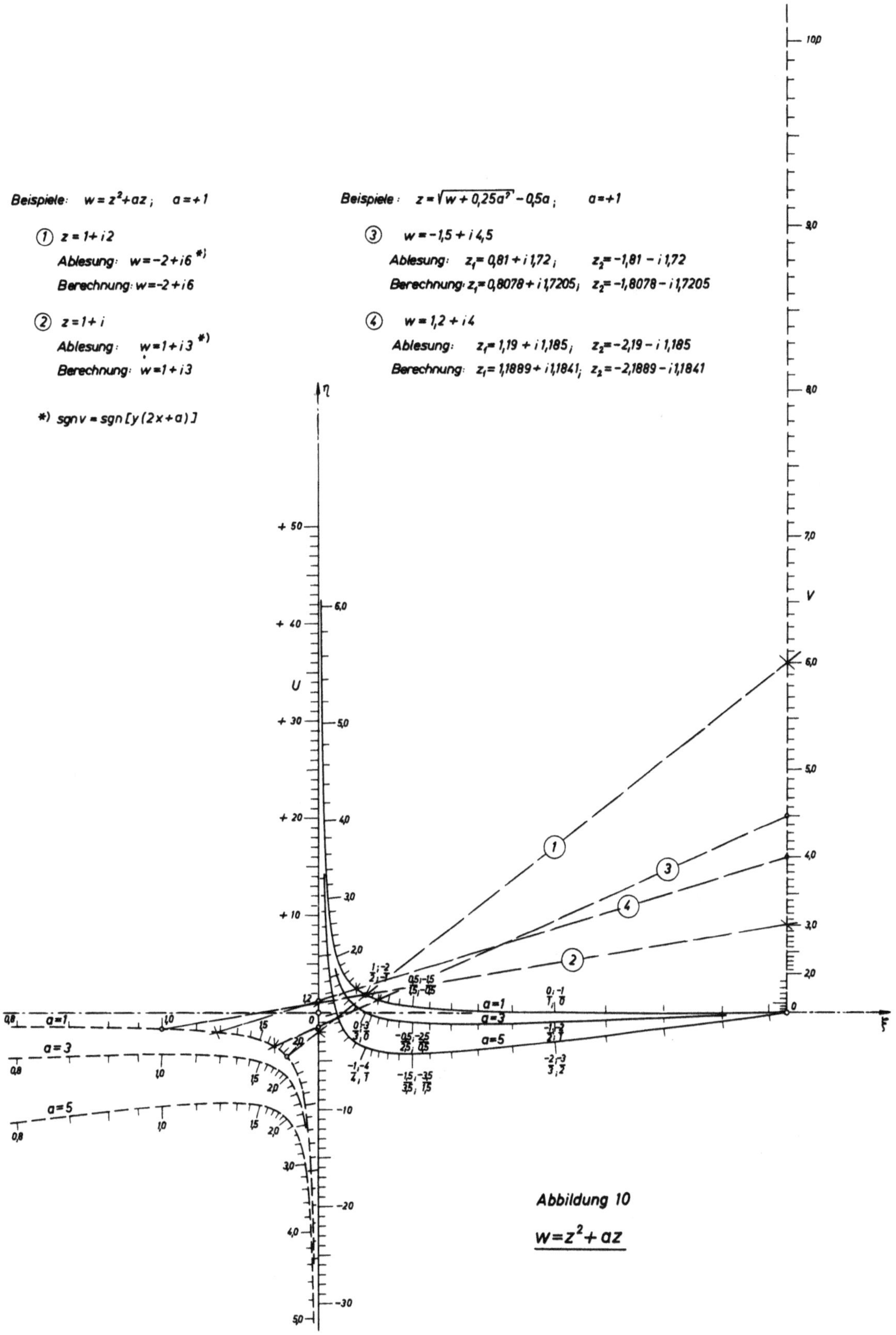

Abbildung 10

$w = z^2 + az$

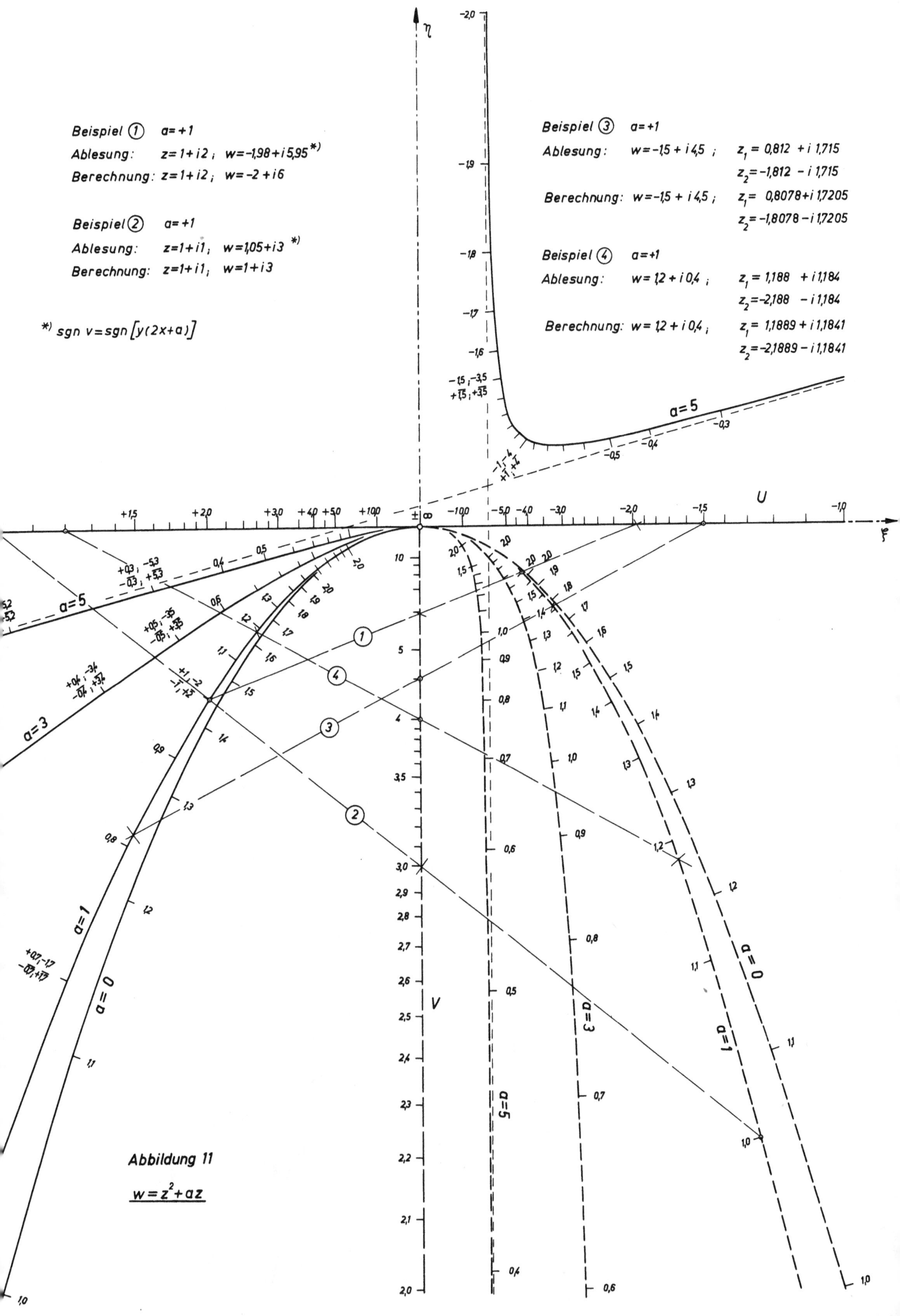

Abbildung 11

$w = z^2 + az$

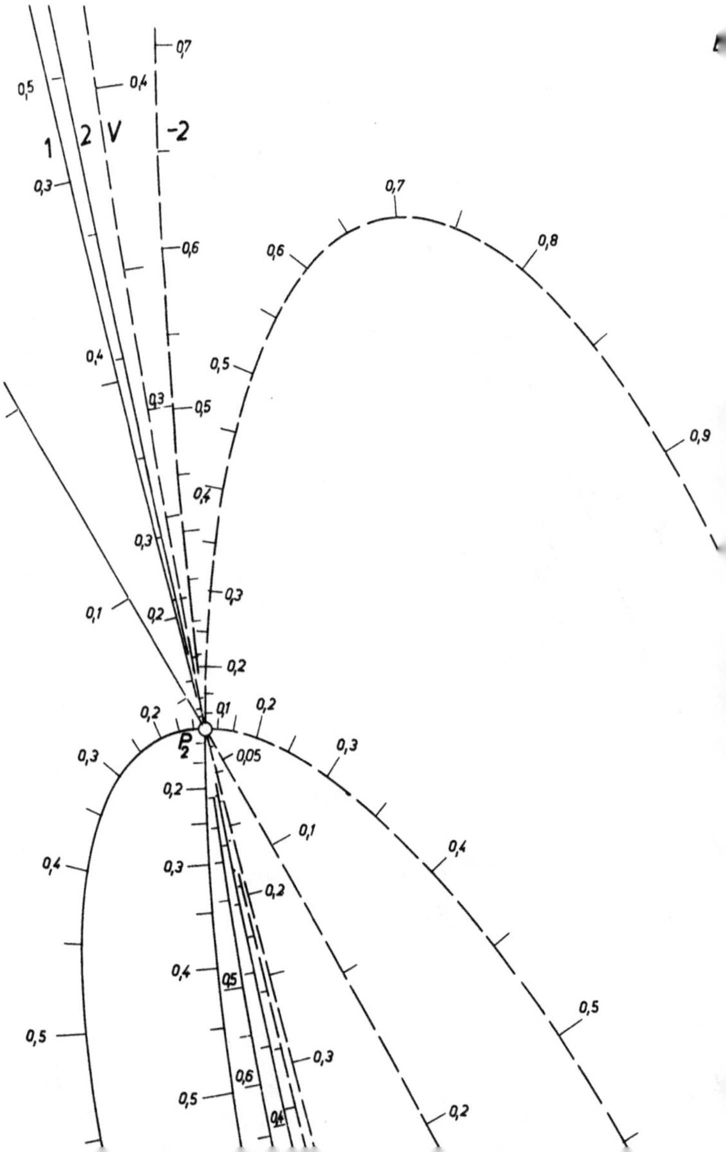

1
2
V
-2
P_2
0,7
0,8
0,9
0,6
0,5
0,4
0,3
0,2
0,1
0,05

$w = \sqrt{\frac{1}{a}\,(1-z^2)}$

$= -1$

lesung: $\sqrt{(0{,}6 + i\,1{,}2)^2 - 1} = \pm\, 0{,}474 \;\pm\; i\,1{,}520$ *)

rechnung: $\sqrt{(0{,}6 + i\,1{,}2)^2 - 1} = \pm\, 0{,}4742 \pm i\,1{,}5182$

$= +1$

lesung: $\sqrt{1 - (1{,}9 + i\,0{,}9)^2} = \pm\, 1{,}015 \mp i\,1{,}684$ *)

rechnung: $\sqrt{1 - (1{,}9 + i\,0{,}9)^2} = \pm\, 1{,}0161 \mp i\,1{,}6830$

$= -\,0{,}25$

lesung: $2\,\sqrt{(1 + i\,0{,}5)^2 - 1} = \pm\, 1{,}250 \;\pm\; i\,1{,}600$ *)

rechnung: $2\,\sqrt{(1 + i\,0{,}5)^2 - 1} = \pm\, 1{,}2496 \pm i\,1{,}6005$

*) Es gelten entweder die oberen oder die unteren Vorzeichen.

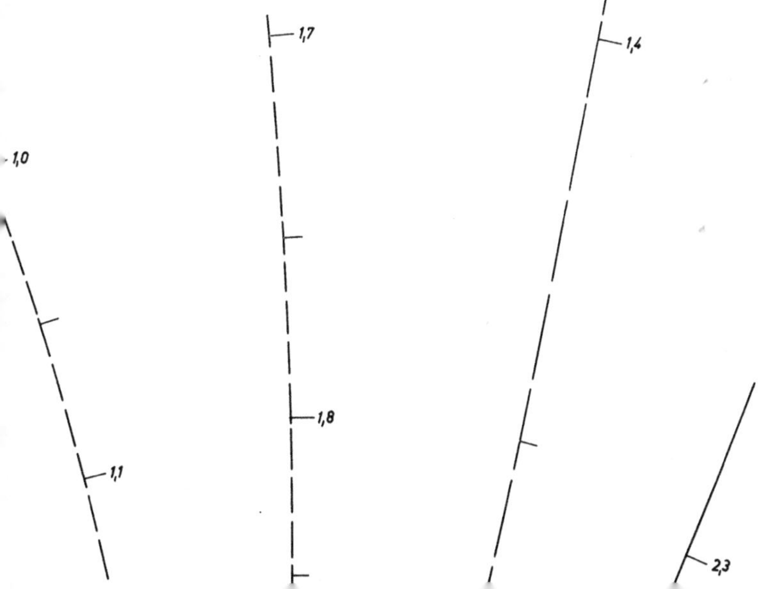

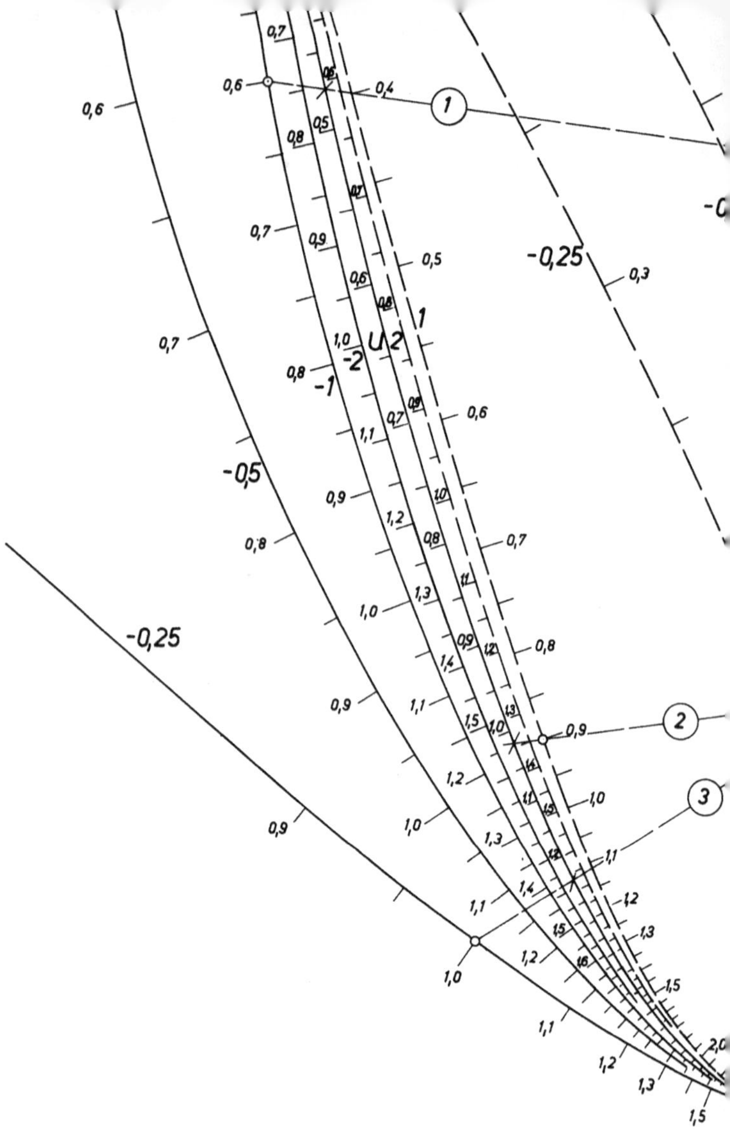

1
2
3
-0,25
-0,5
-1
-2
U2
1
-0,25
0,6
0,7
0,8
0,9
1,0
1,1
1,2
1,3
1,5
0,4
0,5
0,6
0,7
0,8
0,9
1,0
1,1
1,2
1,3
1,5
0,3

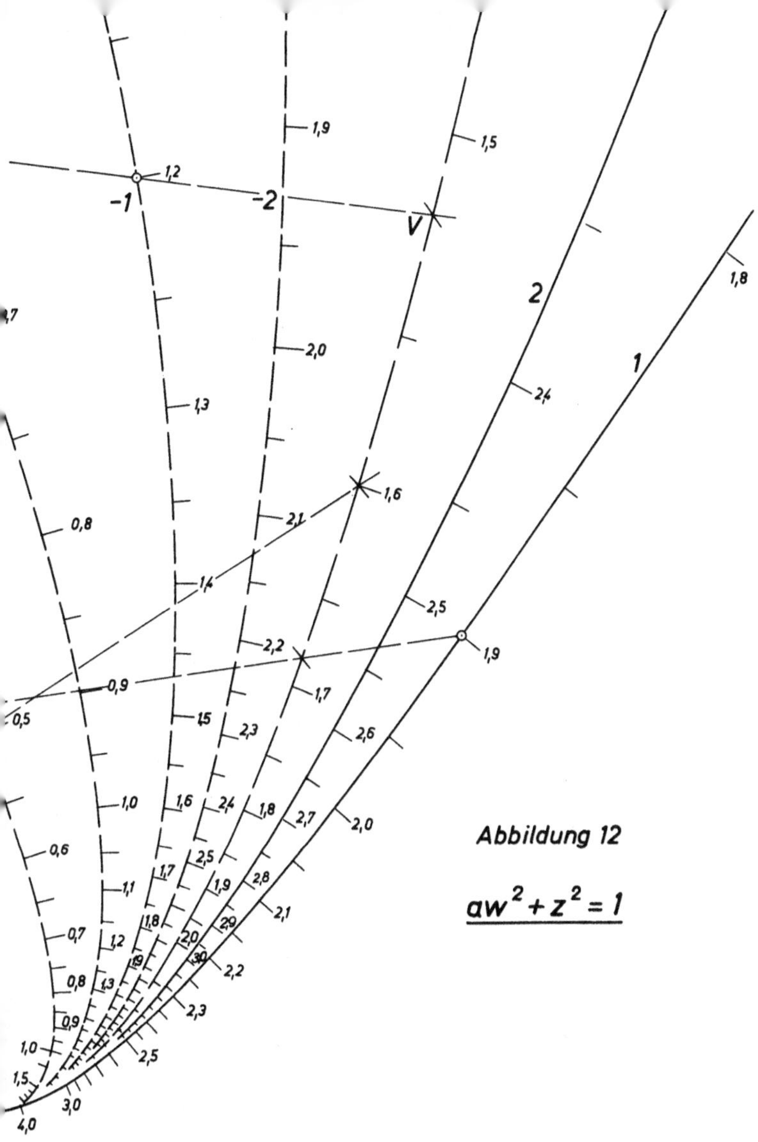

Abbildung 12

$$aw^2 + z^2 = 1$$

Beispiele: $cn(z,k^2) = \sqrt{1-sn^2(z,k^2)}$

(16/25₂)$_s$[1] Ablesung: $-\sqrt{1-(1{,}502+i1{,}268)^2} = 1{,}444 - i1{,}316$

Berechnung: $cn(0{,}4+i1{,}25;\,0{,}8) = 1{,}4396 - i1{,}3161$

(19/27₂)$_s$[1] Ablesung: $-\sqrt{1-(0{,}493+i0{,}565)^2} = 1{,}073 - i0{,}26$

Berechnung: $cn(0{,}4+i0{,}6;\,0{,}5) = 1{,}0714 - i0{,}2612$

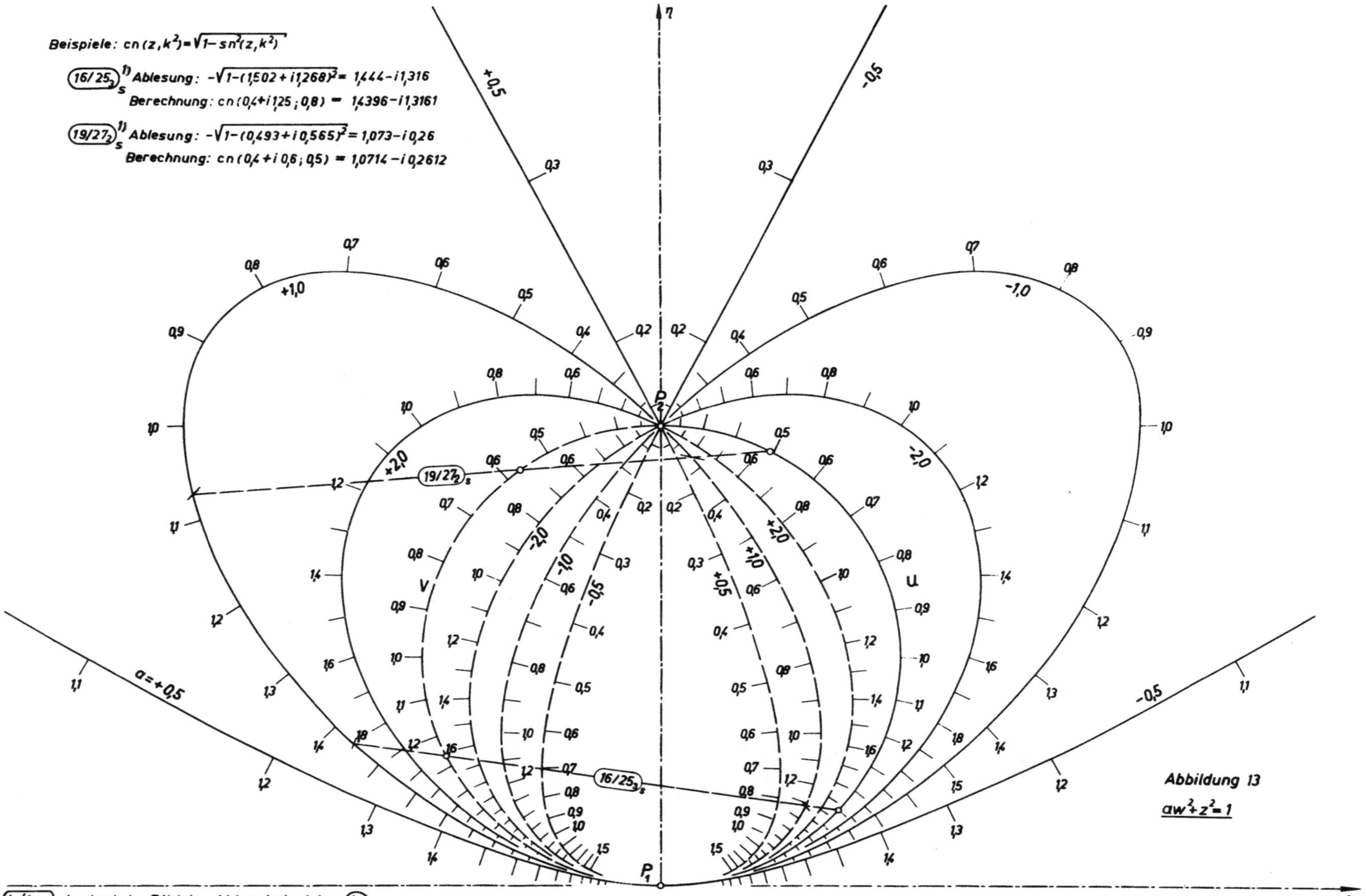

Abbildung 13

$aw^2 + z^2 = 1$

1) (k/l$_m$)$_s$ bedeutet: Bild k, Ablesebeispiel (l$_m$)$_s$

(l$_m$)$_s$ bedeutet: Bild l, Ablesebeispiel m für die Sinusfunktion

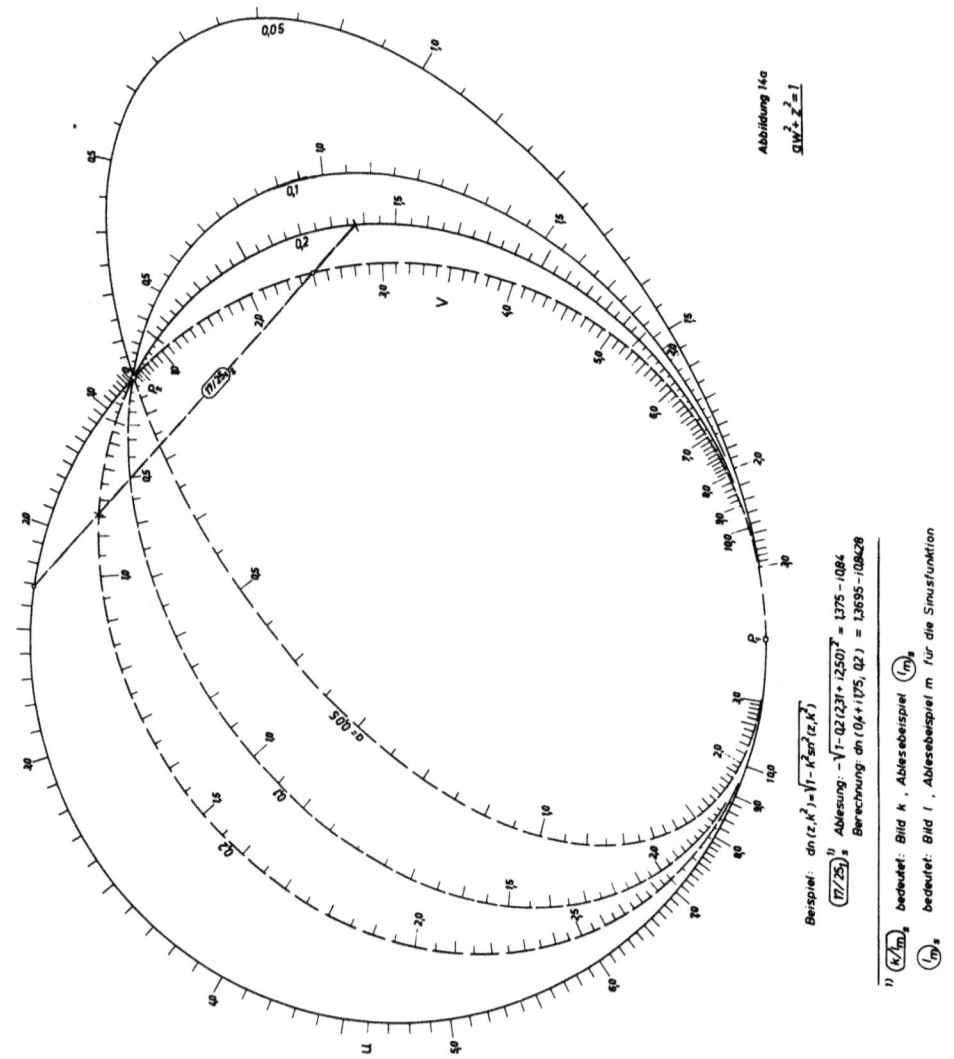

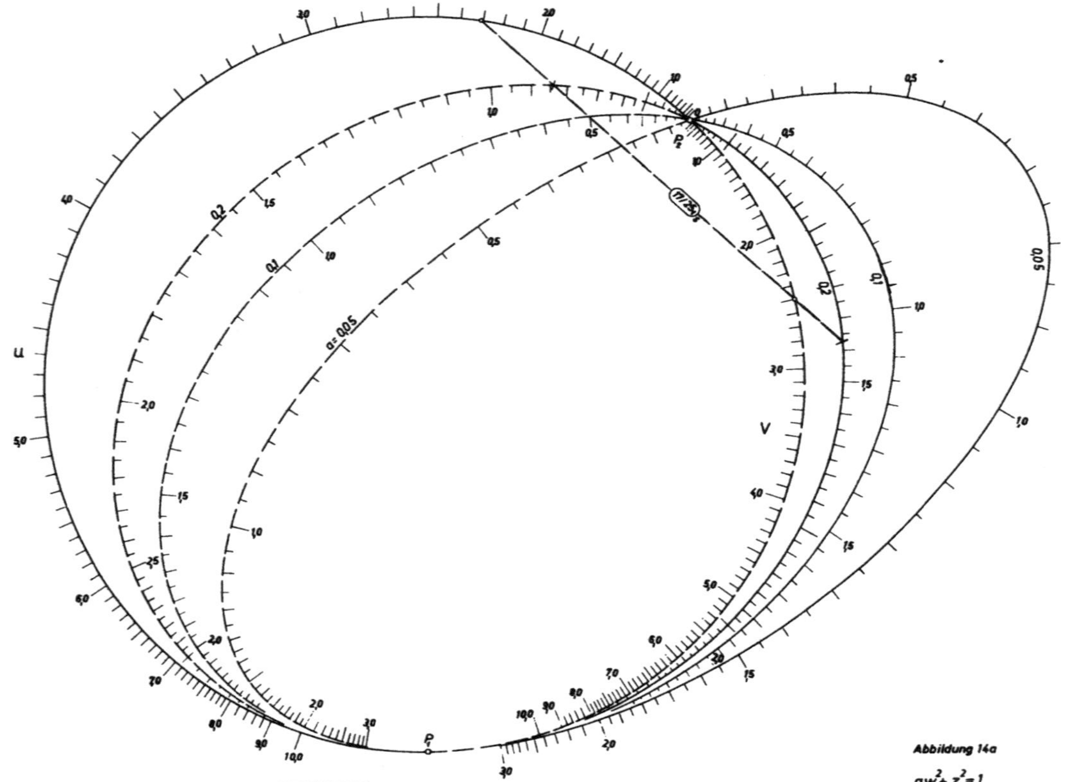

Abbildung 14a

$aw^2 + z^2 = 1$

Beispiel: $dn(z,k^2) = \sqrt{1-k^2 sn^2(z,k^2)}$

$(17/25_1)_s$[1] Ablesung: $-\sqrt{1-0{,}2\,(2{,}31+i\,2{,}50)^2} = 1{,}375 - i\,0{,}84$

Berechnung: $dn\,(0{,}6+i\,1{,}75,\ 0{,}2) = 1{,}3695 - i\,0{,}8428$

---

1) $(k/l_m)_s$ bedeutet: Bild k, Ablesebeispiel $(l_m)_s$

$(l_m)_s$ bedeutet: Bild l, Ablesebeispiel m für die Sinusfunktion

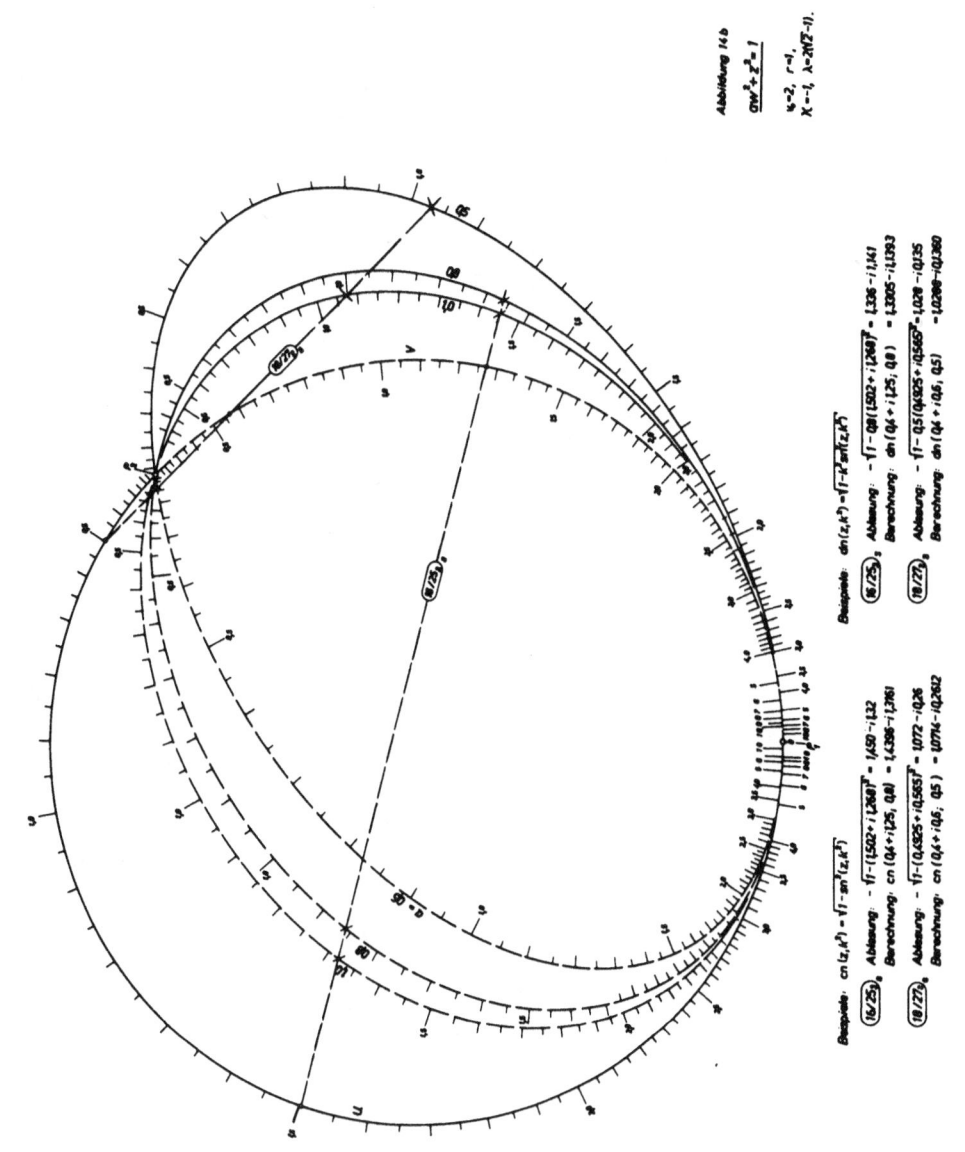

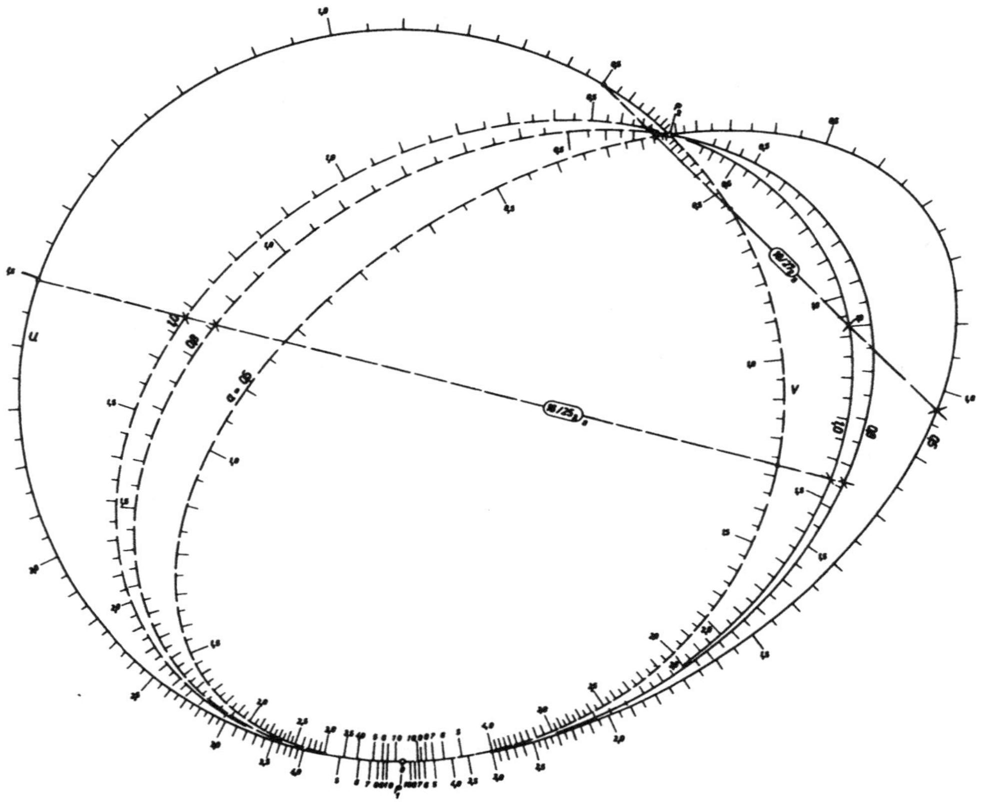

Abbildung 14 b

$\underline{aw^2 + z^2 = 1}$

$\kappa_0 = 2, \quad r = 1,$
$X = -1, \quad \lambda = 2(\sqrt{2} - 1).$

Beispiele: $\operatorname{cn}(z, k^2) = \sqrt{1 - \operatorname{sn}^2(z, k^2)}$

(16/25$_3$)$_a$ *Ablesung:* $-\sqrt{1 - (1{,}502 + i\,1{,}268)^2} = 1{,}450 - i\,1{,}32$
Berechnung: $\operatorname{cn}(0{,}4 + i\,1{,}25;\ 0{,}8) = 1{,}4396 - i\,1{,}3161$

(18/27$_3$)$_a$ *Ablesung:* $-\sqrt{1 - (0{,}4925 + i\,0{,}565)^2} = 1{,}072 - i\,0{,}26$
Berechnung: $\operatorname{cn}(0{,}4 + i\,0{,}6;\ 0{,}5) = 1{,}0714 - i\,0{,}2612$

Beispiele: $\operatorname{dn}(z, k^2) = \sqrt{1 - k^2 \operatorname{sn}^2(z, k^2)}$

(16/25$_3$)$_s$ *Ablesung:* $-\sqrt{1 - 0{,}8(1{,}502 + i\,1{,}268)^2} = 1{,}336 - i\,1{,}141$
Berechnung: $\operatorname{dn}(0{,}4 + i\,1{,}25;\ 0{,}8) = 1{,}3305 - i\,1{,}1393$

(18/27$_3$)$_s$ *Ablesung:* $-\sqrt{1 - 0{,}5(0{,}4925 + i\,0{,}565)^2} = 1{,}028 - i\,0{,}135$
Berechnung: $\operatorname{dn}(0{,}4 + i\,0{,}6;\ 0{,}5) = 1{,}0288 - i\,0{,}1360$

Beispiel: $cn(z;k^2) = \sqrt{1-sn^2(z;k^2)}$

(17/25$_1$)$_s$ Ablesung: $-\sqrt{1-(2{,}31+i\,2{,}50)^2} = 2{,}61 - i\,2{,}22$

Berechnung: $cn(0{,}4+i1{,}75;\ 0{,}2) = 2{,}5992 - i\,2{,}2204$

Beispiel: $dn(z;k^2) = \sqrt{1-k^2 sn^2(z;k^2)}$

(17/25$_1$)$_s$ Ablesung: $-\sqrt{1-0{,}2(2{,}31+i2{,}50)^2} = 1{,}375 - i\,0{,}84$

Berechnung: $dn(0{,}4+i1{,}75;\ 0{,}2) = 1{,}3695 - i\,0{,}8428$

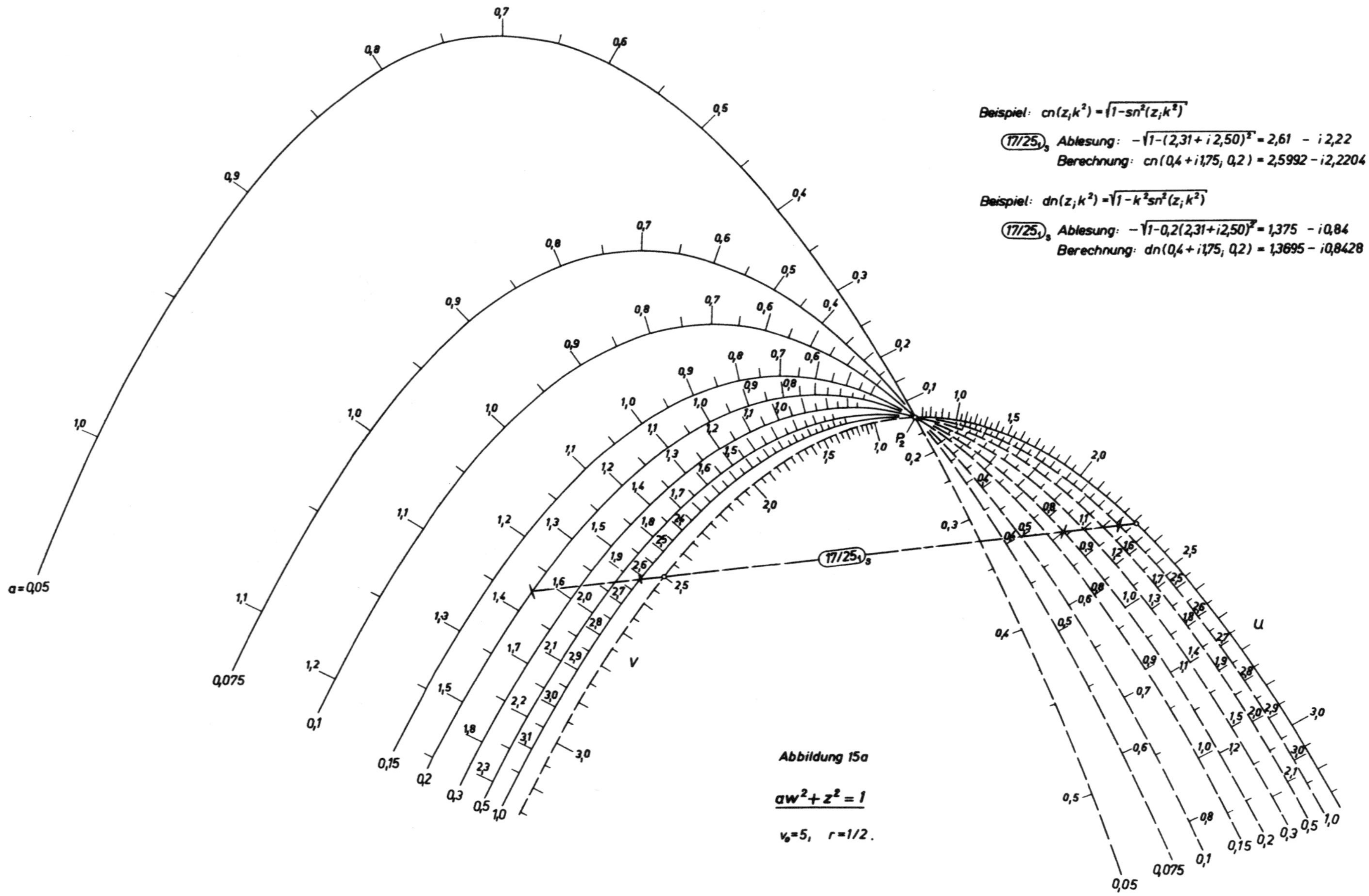

Abbildung 15a

$\underline{aw^2 + z^2 = 1}$

$v_0 = 5, \quad r = 1/2.$

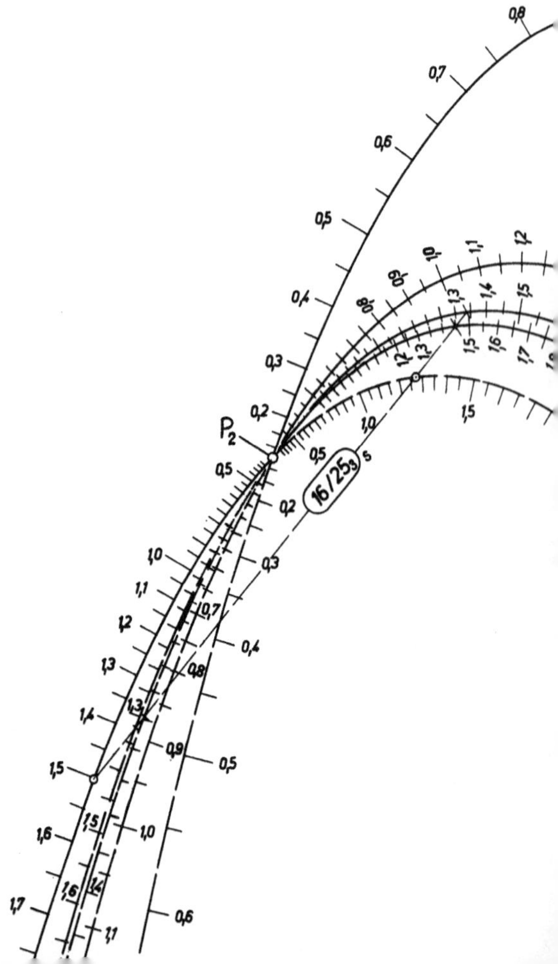

P2
16/25
s
0,2
0,3
0,4
0,5
0,6
0,7
0,8
1,0
1,1
1,2
1,3
1,4
1,5
1,6
1,7

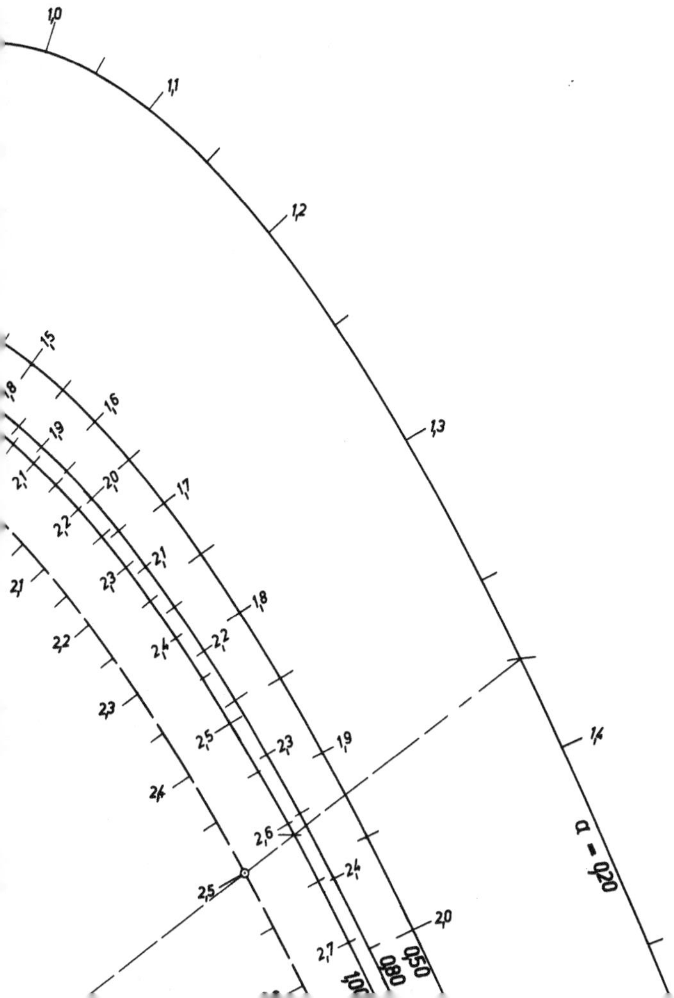

1,0
1,1
1,2
1,3
1,4
α = 0,20
0,50
0,80

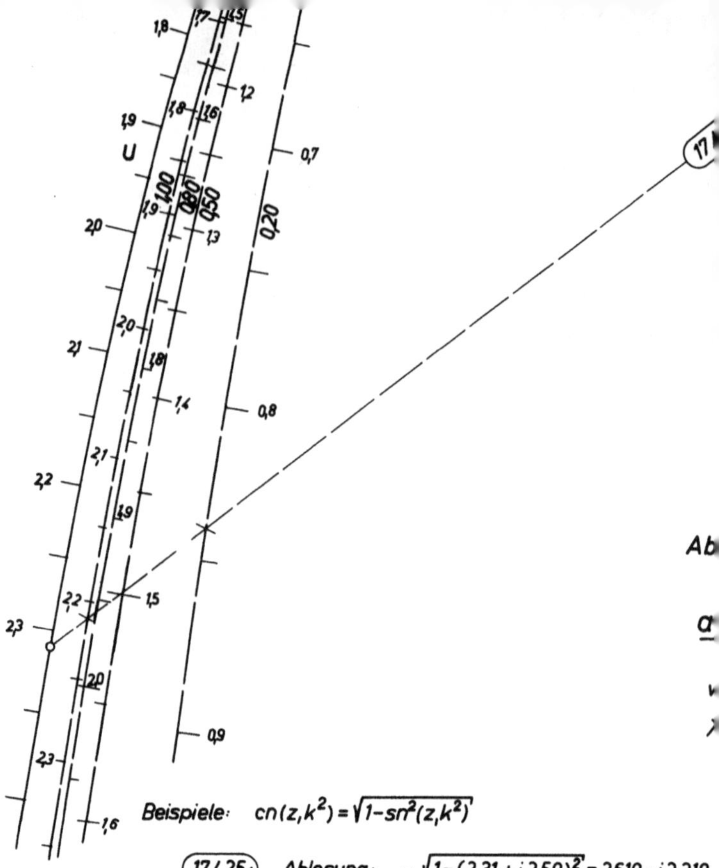

Beispiele: $cn(z,k^2) = \sqrt{1-sn^2(z,k^2)}$

$(17/25_1)_s$ Ablesung: $-\sqrt{1-(2{,}31+i\,2{,}50)^2} = 2{,}610 - i\,2{,}210$

Berechnung: $cn(0{,}4 + i\,1{,}75;\ 0{,}2) = 2{,}5992 - i\,2{,}2$

$(16/25_3)_s$ Ablesung: $-\sqrt{1-(1{,}502+i\,1{,}268)^2} = 1{,}450 - i\,1{,}32$

Berechnung: $cn(0{,}4 + i\,1{,}25;\ 0{,}8) = 1{,}4396 - i\,1{,}31$

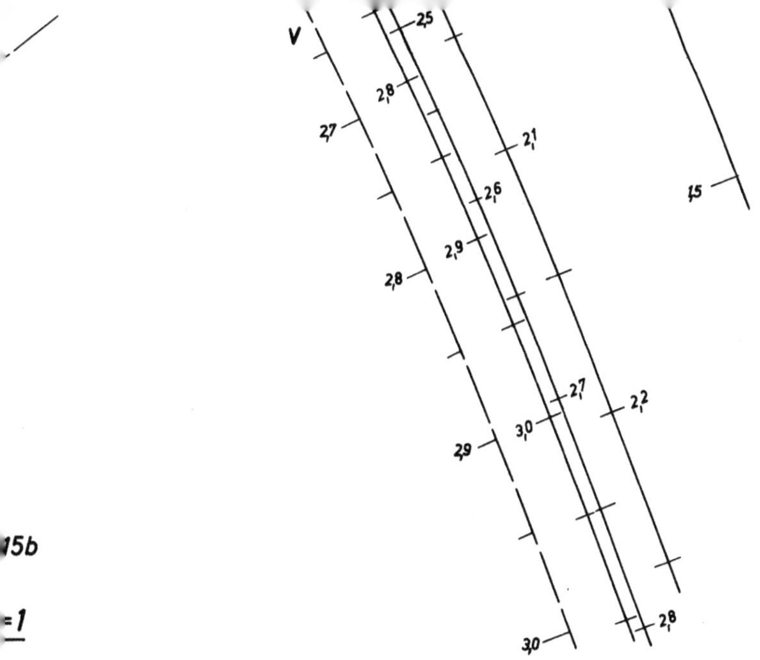

15b

=1

,5

k=-1

piele: $dn(z,k^2)=\sqrt{1-k^2 sn^2(z,k^2)}$

$(17/25_1)_S$ Ablesung: $-\sqrt{1-0{,}2(2{,}31+i\,2{,}50)^2} = 1{,}373 - i\,0{,}840$

Berechnung: $dn(0{,}4+i\,1{,}75;\ 0{,}2) = 1{,}3695 - i\,0{,}8428$

$(16/25_3)_S$ Ablesung: $-\sqrt{1-0{,}8(1{,}502+i\,1{,}268)^2} = 1{,}335 - i\,1{,}147$

Berechnung: $dn(0{,}4+i\,1{,}25;\ 0{,}8) = 1{,}3305 - i\,1{,}1393$

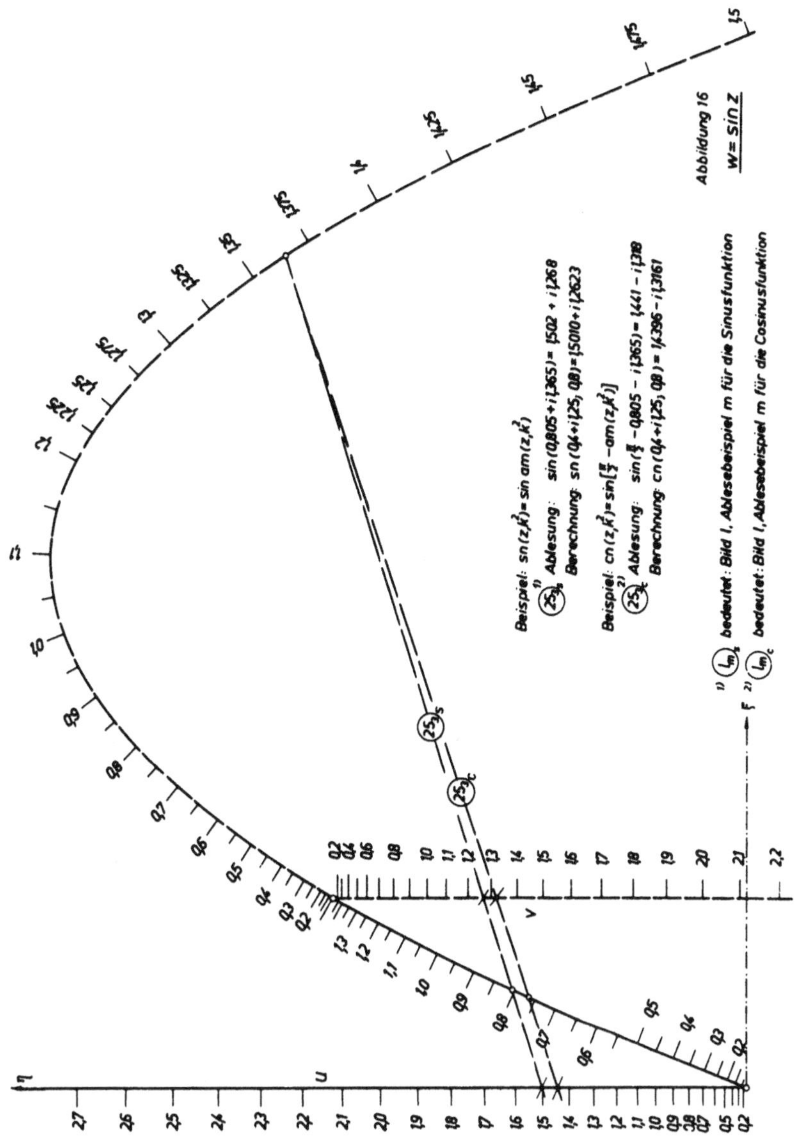
Beispiel: sn(z,k²) = sin am(z,k²)
25₁ₛ ¹⁾ Ablesung: sin(0,805 + i1,365) = 1,502 + i1,268
Berechnung: sn(0,4 + i1,25; 0,8) = 1,5010 + i1,2623
Beispiel: cn(z,k²) = sin[π/2 − am(z,k²)]
25₁꜀ ²⁾ Ablesung: sin(π/2 − 0,805 − i1,365) = 1,441 − i1,318
Berechnung: cn(0,4 + i1,25; 0,8) = 1,4396 − i1,3161
¹⁾ (Lm)ₛ bedeutet: Bild l, Ablesebeispiel m für die Sinusfunktion
²⁾ (Lm)꜀ bedeutet: Bild l, Ablesebeispiel m für die Cosinusfunktion
Abbildung 16
w = sin z

α)	β)		α)	β)
> 0	$y < 0$	$u > 0$	$v > 0$	$v < 0$
> 0	$y < 0$	$u > 0$	$v < 0$	$v > 0$
> 0	$y < 0$	$u < 0$	$v < 0$	$v > 0$
> 0	$y < 0$	$u < 0$	$v > 0$	$v < 0$

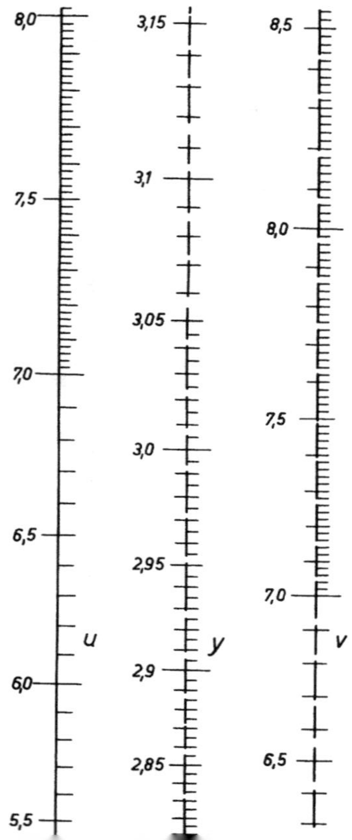

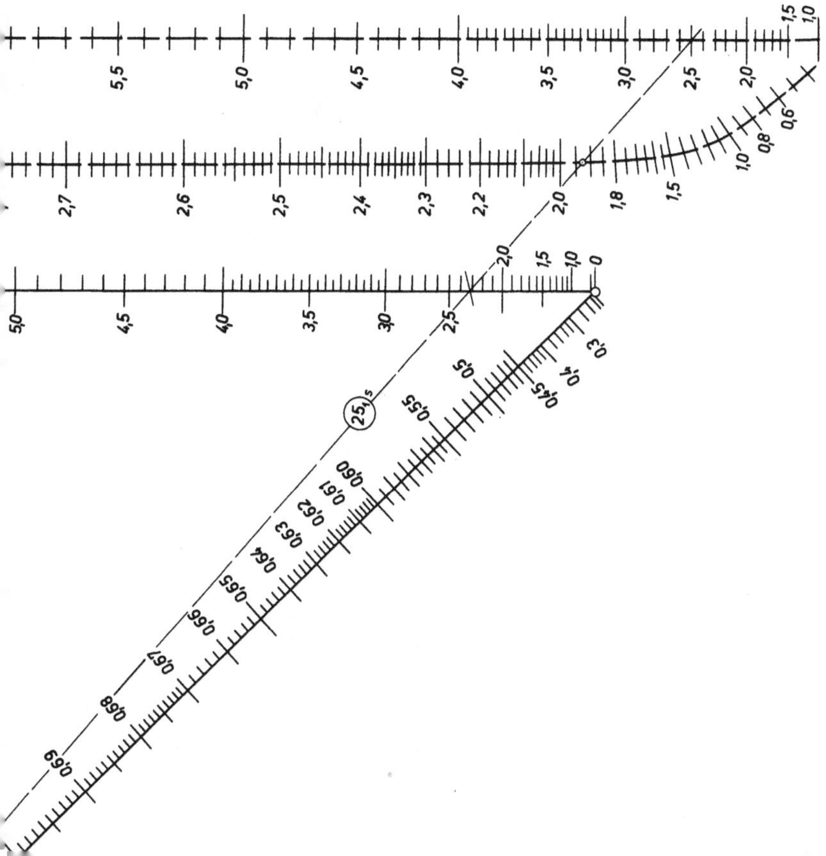
1,5
1,0
5,5
5,0
4,5
4,0
3,5
3,0
2,5
2,0
0,6
0,8
1,0
1,5
1,8
2,0
2,2
2,3
2,4
2,5
2,6
2,7
0
1,0
1,5
2,0
2,5
3,0
3,5
4,0
4,5
5,0
25,s
0,3
0,4
0,45
0,5
0,55
0,60
0,61
0,62
0,63
0,64
0,65
0,66
0,67
0,68
0,69

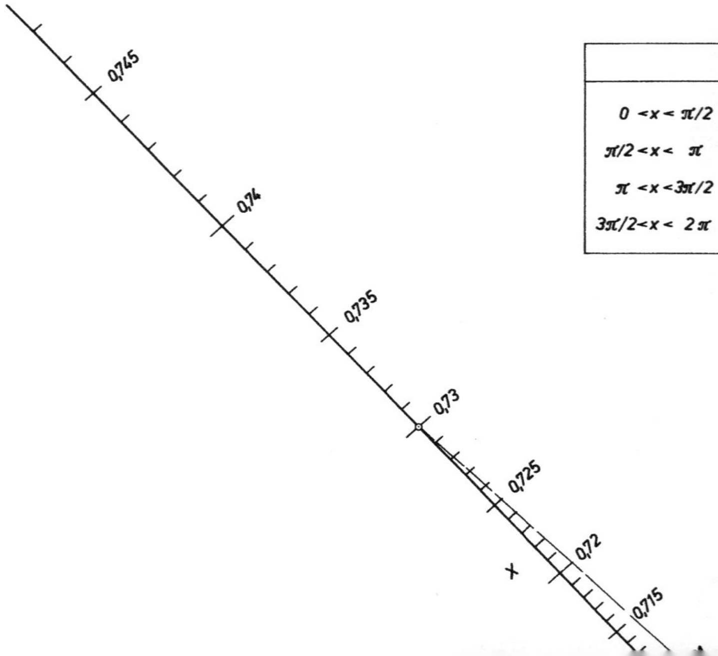

$0 < x < \pi/2$	
$\pi/2 < x < \pi$	
$\pi < x < 3\pi/2$	
$3\pi/2 < x < 2\pi$	

Beispiel: $sn(z,k^2) = \sin am(z,k^2)$

$(25_1)_s$[1] Ablesung: $\sin(0{,}73 + i\,1{,}930) = 2{,}31 + i\,2{,}50$

Berechnung: $sn(0{,}4 + i\,1{,}75;\,0{,}2) = 2{,}3180 + i\,2{,}4897$

Abbildung 17

$w = \sin z$

1) $(l_m)_s$ bedeutet: Bild l, Ablesebeispiel m für Sinusfunktion

Beispiele: $cn(z,k^2) = \sin\left[\frac{\pi}{2} - am(z,k^2)\right]$

$(25_1)_c$ *Ablesung:* $\sin(\frac{\pi}{2} - 0{,}73 - i1{,}930) = 2{,}6 - i2{,}25$
Berechnung: $cn(0{,}4 + i1{,}75;\ 0{,}2) = 2{,}5992 - i2{,}2204$

$(25_3)_c$ *Ablesung:* $\sin(\frac{\pi}{2} - 0{,}805 - i1{,}365) = 1{,}44 - i1{,}31$
Berechnung: $cn(0{,}4 + i1{,}25;\ 0{,}8) = 1{,}4396 - i1{,}3161$

$(27_2)_c$ *Ablesung:* $\sin(\frac{\pi}{2} - 0{,}430 - i0{,}588) = 1{,}070 - i0{,}26$
Berechnung: $cn(0{,}4 + i0{,}6;\ 0{,}5) = 1{,}071 - i0{,}2612$

$(27_3)_c$ *Ablesung:* $\sin(\frac{\pi}{2} - 0{,}420 - i0{,}375) = 0{,}978 - i0{,}1575$
Berechnung: $cn(0{,}4 + i0{,}4;\ 1{,}0) = 0{,}9790 - i0{,}1573$

Abbildung 19

$w = \sin z$

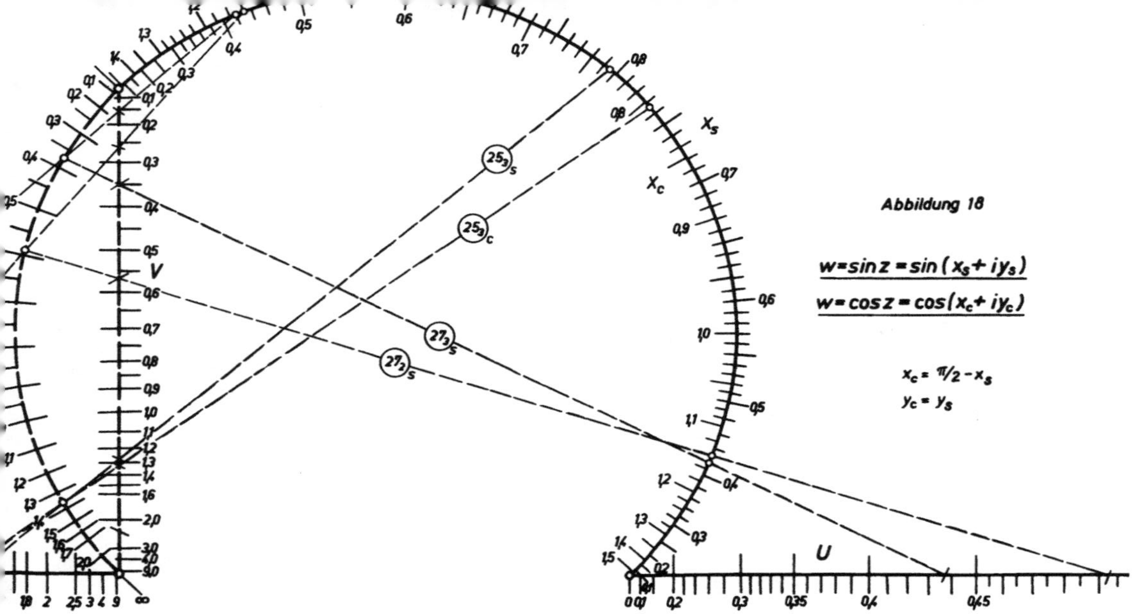

Abbildung 18
$w = \sin z = \sin(x_s + iy_s)$
$w = \cos z = \cos(x_c + iy_c)$
$x_c = \pi/2 - x_s$
$y_c = y_s$
X_s
X_c
V
U

Beispiele: $sn(z,k^2) = \sin am(z,k^2)$

$(25_3)_s$ Ablesung: $\sin(0{,}805 + i\,1{,}365) = 1{,}495 + i\,1{,}25$
Berechnung: $sn(0{,}4 + i\,1{,}25;\ 0{,}8) = 1{,}5010 + i\,1{,}2623$

$(27_2)_s$ Ablesung: $\sin(0{,}430 + i\,0{,}588) = 0{,}493 + i\,0{,}565$
Berechnung: $sn(0{,}4 + i\,0{,}6;\ 0{,}5) = 0{,}4927 + i\,0{,}5679$

$(27_3)_s$ Ablesung: $\sin(0{,}420 + i\,0{,}375) = 0{,}44 + i\,0{,}351$
Berechnung: $sn(0{,}4 + i\,0{,}4;\ 1{,}0) = 0{,}4366 + i\,0{,}3527$

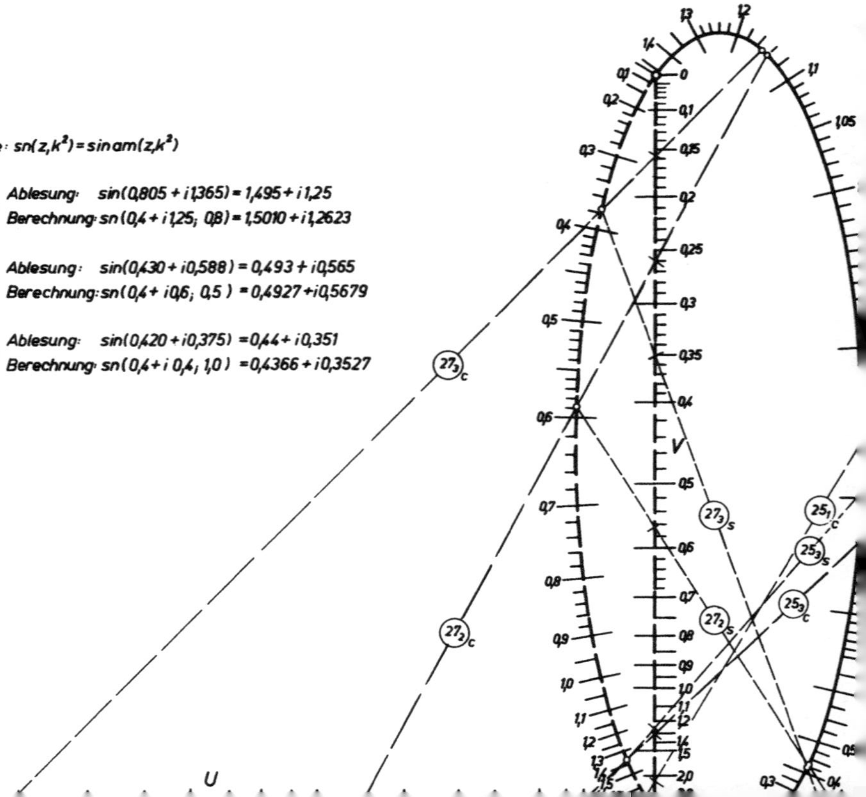

Beispiele: $sn(z,k^2) = \sin am(z,k^2)$

$(25_3)_s$ Ablesung: $\sin(0{,}805 + i\,1{,}365) = 1{,}500 + i\,1{,}275$
Berechnung: $sn(0{,}4 + i\,1{,}25;\ 0{,}8) = 1{,}5010 + i\,1{,}2623$

$(27_2)_s$ Ablesung: $\sin(0{,}430 + i\,0{,}588) = 0{,}4925 + i\,0{,}565$
Berechnung: $sn(0{,}4 + i\,0{,}6;\ 0{,}5) = 0{,}4927 + i\,0{,}5679$

$(27_3)_s$ Ablesung: $\sin(0{,}420 + i\,0{,}375) = 0{,}437 + i\,0{,}353$
Berechnung: $sn(0{,}4 + i\,0{,}4;\ 1{,}0) = 0{,}4366 + i\,0{,}3527$

Beispiele: $cn(z,k^2) = \cos am(z,k^2)$

$(25_3)_c$ Ablesung: $\cos(0{,}805 + i\,1{,}365) = 1{,}44 - i\,1{,}320$
Berechnung: $cn(0{,}4 + i\,1{,}25;\ 0{,}8) = 1{,}4396 - i\,1{,}3161$

$(27_2)_c$ Ablesung: $\cos(0{,}430 + i\,0{,}588) = 1{,}072 - i\,0{,}262$
Berechnung: $cn(0{,}4 + i\,0{,}6;\ 0{,}5) = 1{,}0714 - i\,0{,}2612$

$(27_3)_c$ Ablesung: $\cos(0{,}420 + i\,0{,}375) = 0{,}980 - i\,0{,}155$
Berechnung: $cn(0{,}4 + i\,0{,}4;\ 1{,}0) = 0{,}9790 - i\,0{,}1573$

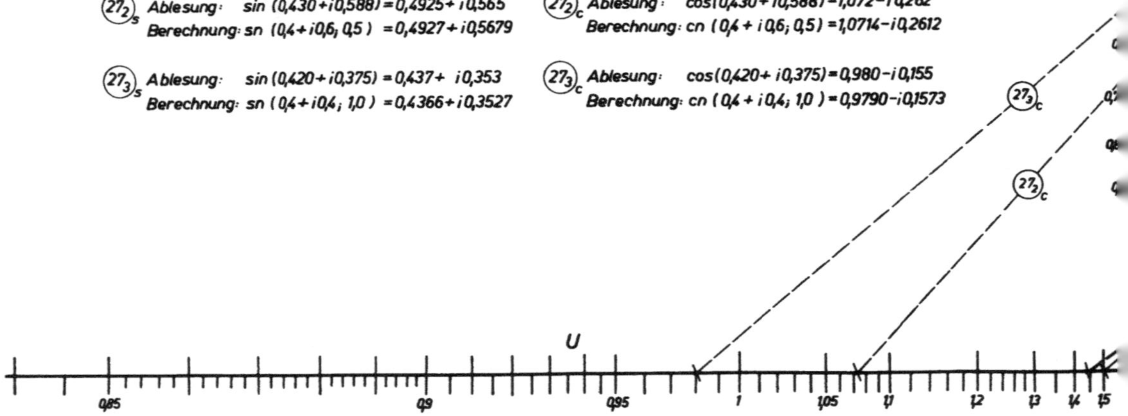

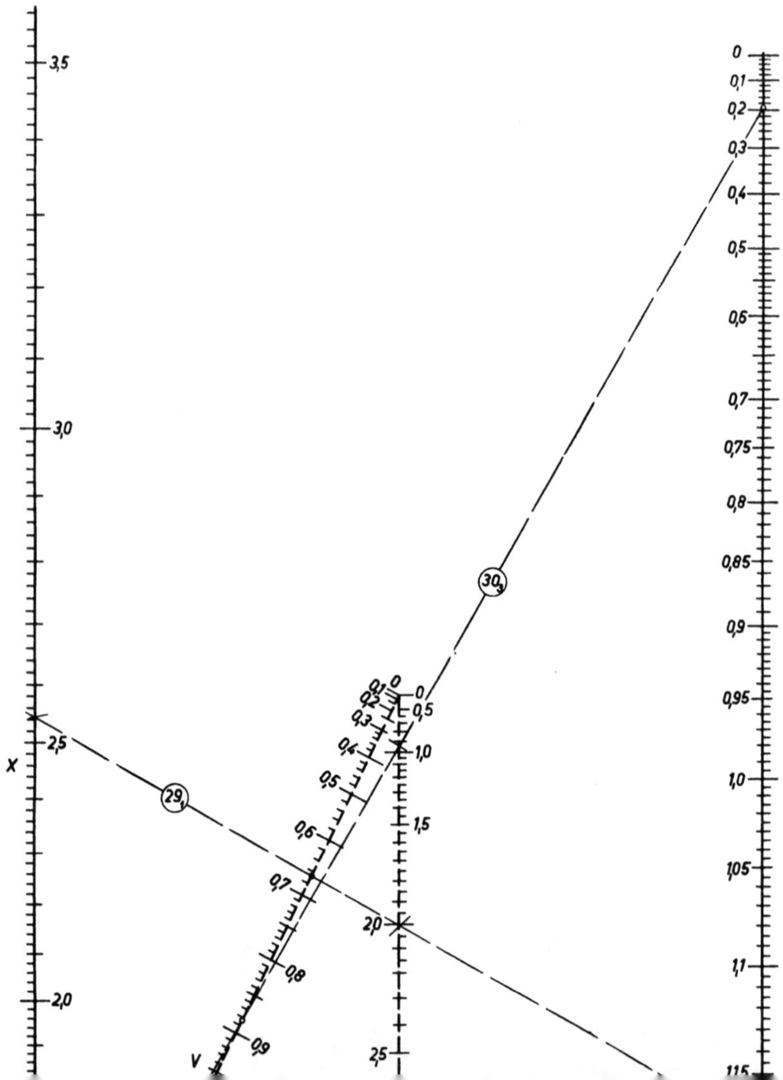

3,5
3,0
2,5
2,0
X
29
30
V
0
0,1
0,2
0,3
0,4
0,5
0,6
0,7
0,8
0,9
0
0,5
1,0
1,5
2,0
2,5
0,75
0,85
0,95
1,05
1,1

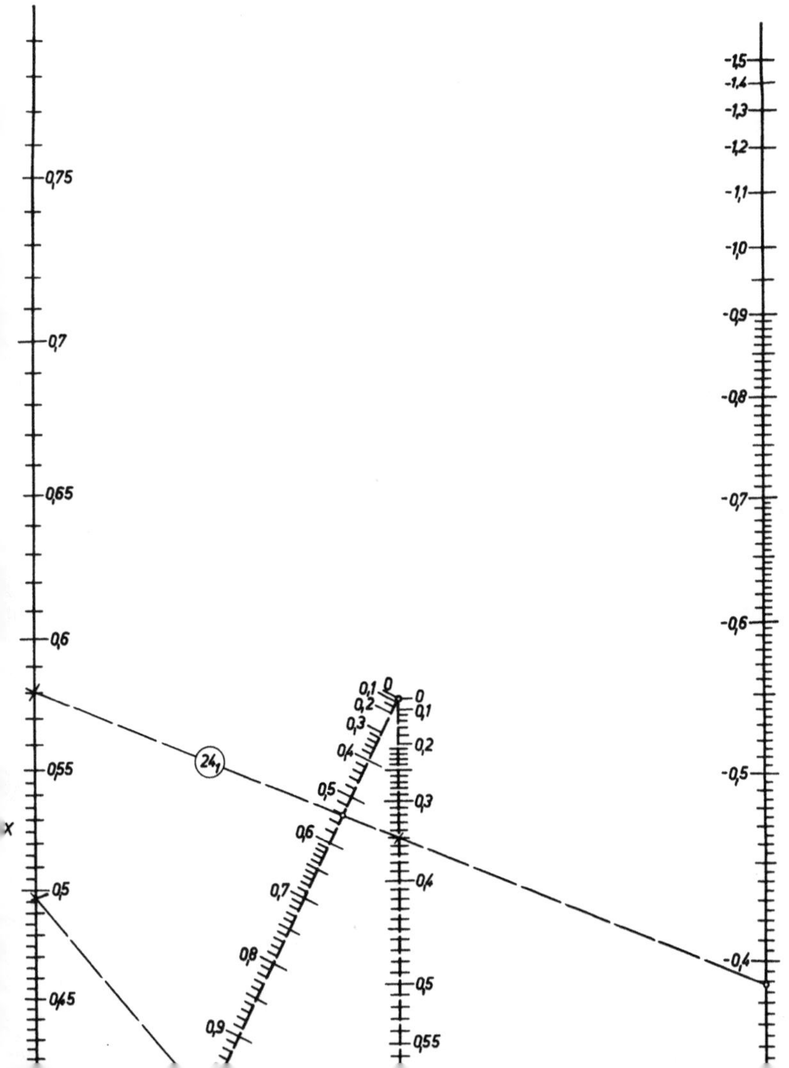

0,75
0,7
0,65
0,6
0,55
x
0,5
0,45
24₁
0,1
0
0,2
0,3
0,4
0,5
0,6
0,7
0,8
0,9
0
0,1
0,2
0,3
0,4
0,5
0,55
-1,5
-1,4
-1,3
-1,2
-1,1
-1,0
-0,9
-0,8
-0,7
-0,6
-0,5
-0,4

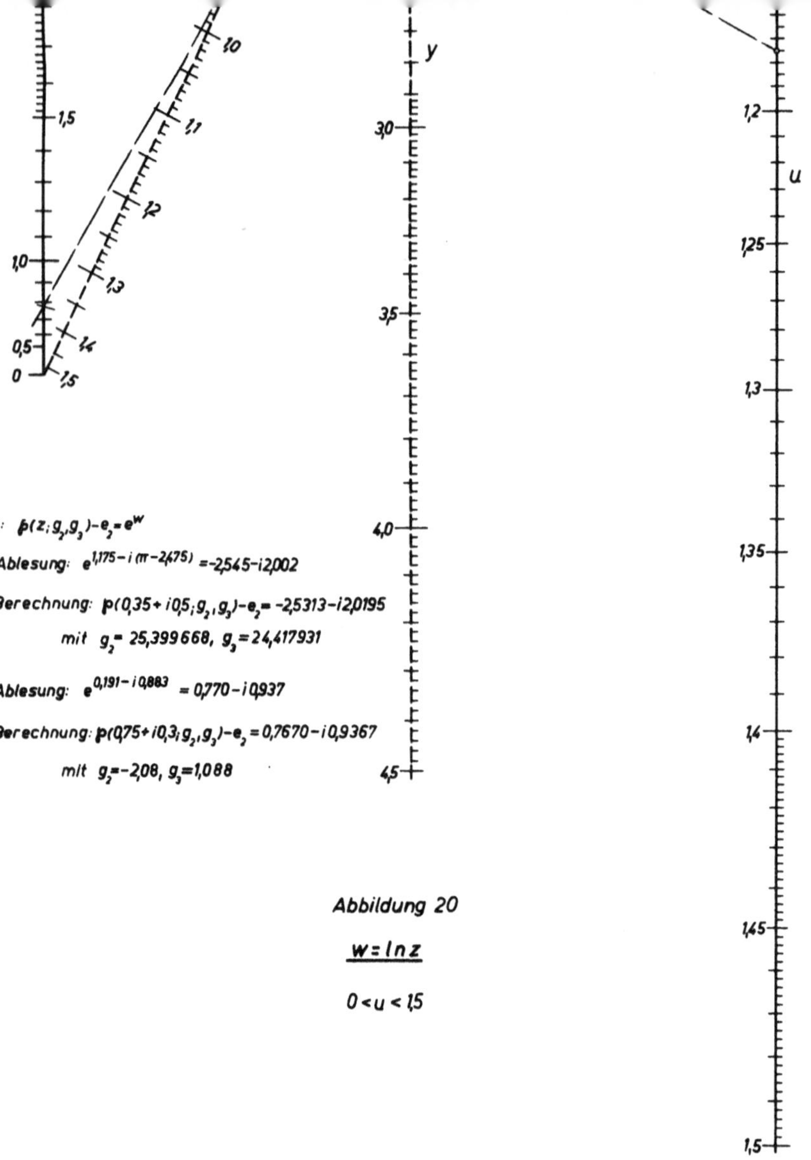

Beispiel: $\wp(z; g_2, g_3) - e_2 = e^w$

(29₁) Ablesung: $e^{1{,}175 - i(\pi - 2{,}475)} = -2{,}545 - i2{,}002$

Berechnung: $\wp(0{,}35 + i0{,}5; g_2, g_3) - e_2 = -2{,}5313 - i2{,}0195$

mit $g_2 = 25{,}399668$, $g_3 = 24{,}417931$

(30₃) Ablesung: $e^{0{,}191 - i0{,}883} = 0{,}770 - i0{,}937$

Berechnung: $\wp(0{,}75 + i0{,}3; g_2, g_3) - e_2 = 0{,}7670 - i0{,}9367$

mit $g_2 = -2{,}08$, $g_3 = 1{,}088$

Abbildung 20

$w = \ln z$

$0 < u < 1{,}5$

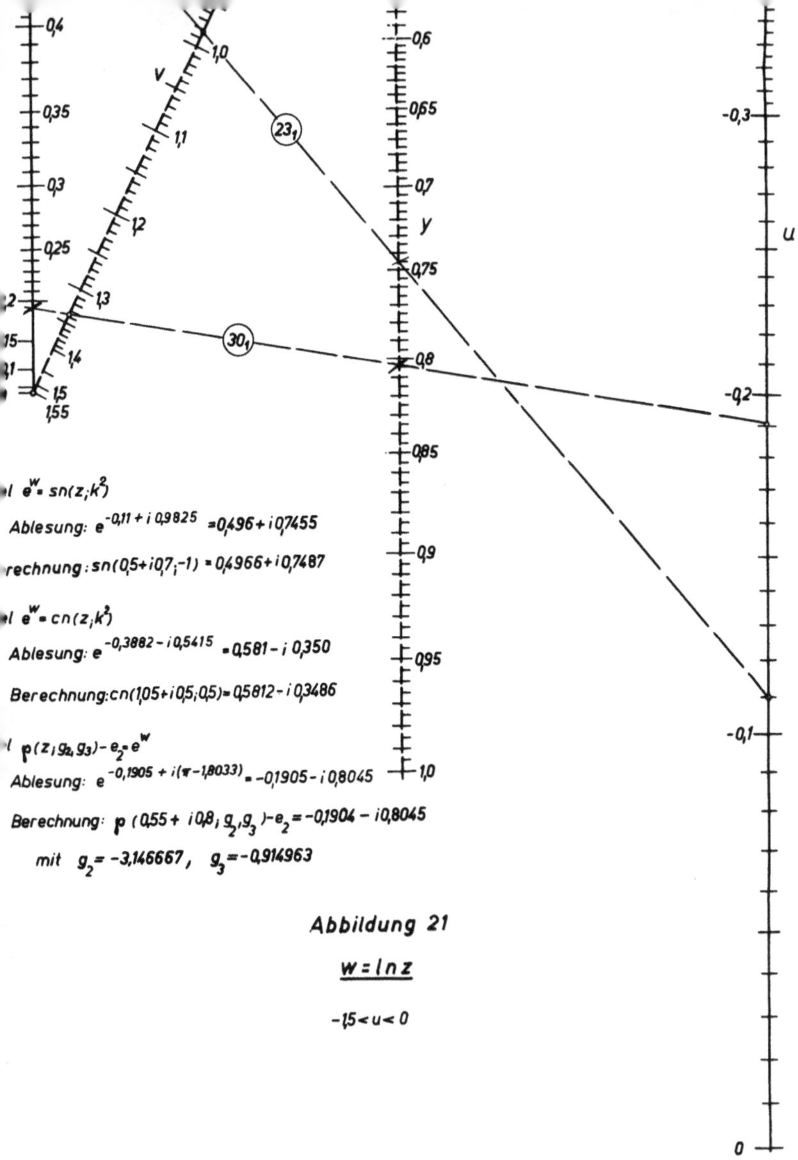

…l $e^{w} = sn(z;k^2)$

Ablesung: $e^{-0{,}11 + i\,0{,}9825} = 0{,}496 + i\,0{,}7455$

…rechnung: $sn(0{,}5 + i0{,}7; -1) = 0{,}4966 + i\,0{,}7487$

…l $e^{w} = cn(z;k^2)$

Ablesung: $e^{-0{,}3882 - i\,0{,}5415} = 0{,}581 - i\,0{,}350$

Berechnung: $cn(1{,}05 + i\,0{,}5; 0{,}5) = 0{,}5812 - i\,0{,}3486$

…l $\wp(z; g_2, g_3) - e_2 = e^{w}$

Ablesung: $e^{-0{,}1905 + i(\pi - 1{,}8033)} = -0{,}1905 - i\,0{,}8045$

Berechnung: $\wp(0{,}55 + i\,0{,}8; g_2, g_3) - e_2 = -0{,}1904 - i\,0{,}8045$

mit $g_2 = -3{,}146667$, $g_3 = -0{,}914963$

Abbildung 21

$w = \ln z$

$-1{,}5 < u < 0$

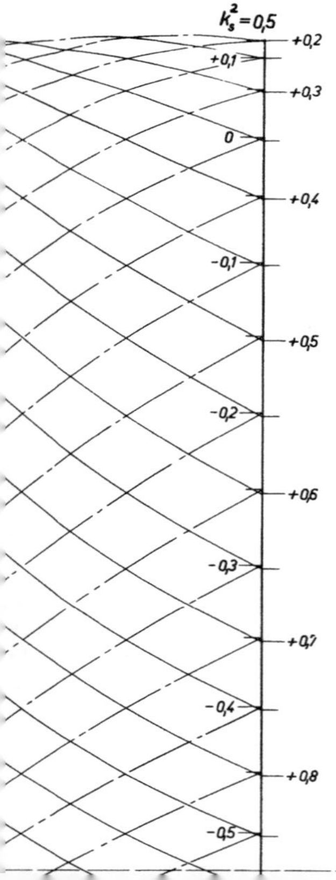

1. Kurvenschar
Graduierungsmarken auf der linken Skalenseite.

2. Kurvenschar
Graduierungsmarken auf der rechten Skalenseite.

Beispiele:

(1) Ablesung: $\ln \mathrm{sn}(0{,}4 + i\,0{,}7;\ 0{,}05) = -0{,}158 + i\,0{,}954$

Berechnung: $\ln \mathrm{sn}(0{,}4 + i\,0{,}7;\ 0{,}05) = -0{,}1577 + i\,0{,}9541$

(2) Ablesung: $\ln \mathrm{sn}(0{,}8 + i\,0{,}5;\ 0{,}1) = -0{,}134 + i\,0{,}415$

Berechnung: $\ln \mathrm{sn}(0{,}8 + i\,0{,}5;\ 0{,}1) = -0{,}1303 + i\,0{,}4141$

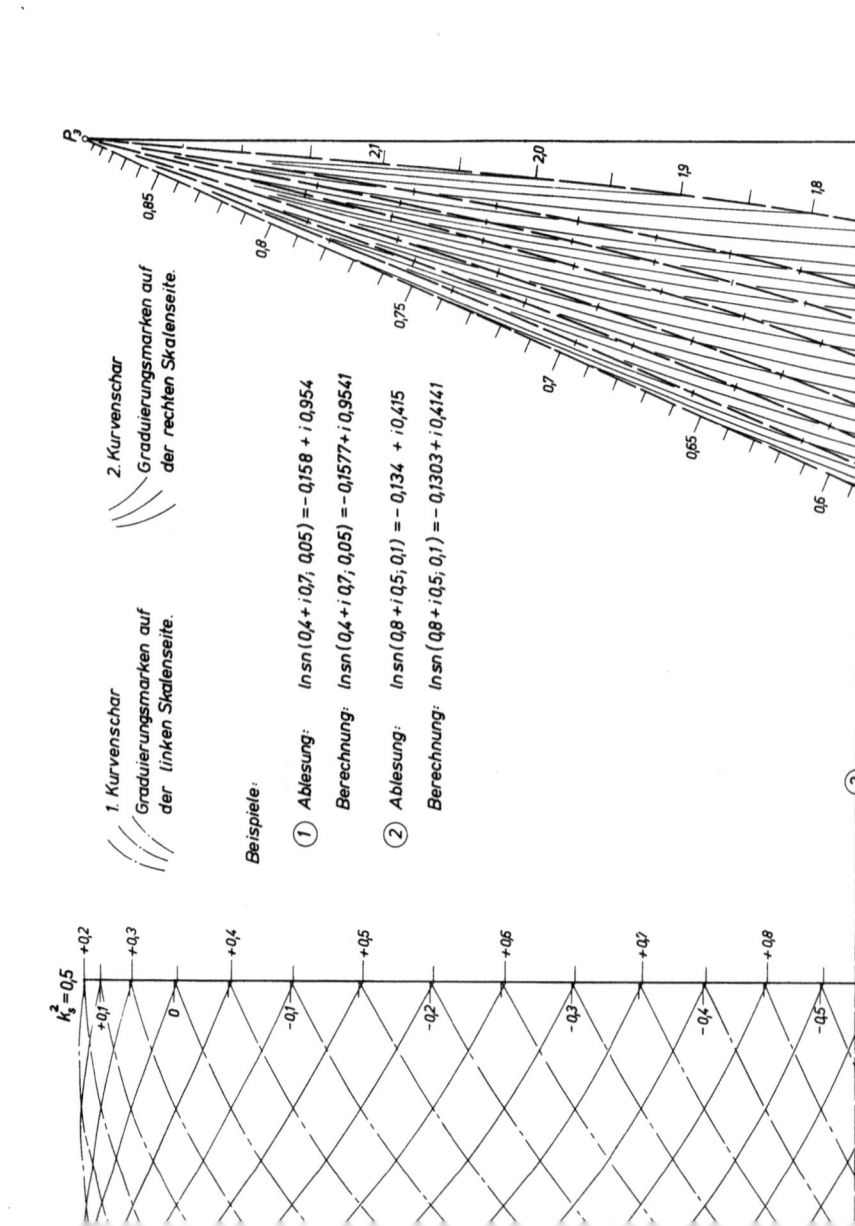

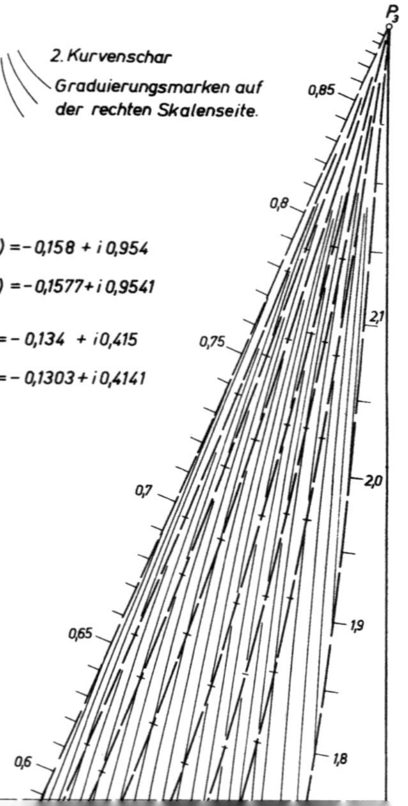

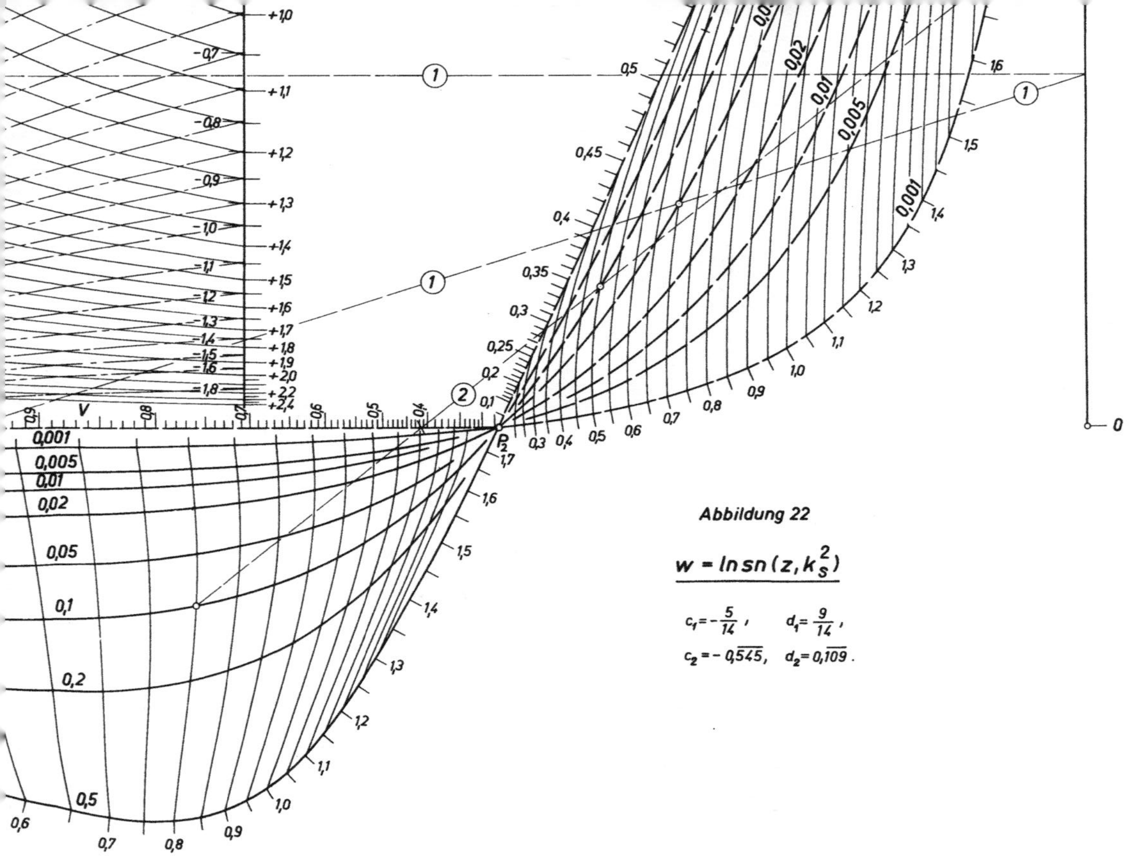

Abbildung 22

$$w = \ln \mathrm{sn}(z, k_s^2)$$

$c_1 = -\frac{5}{14}$, $d_1 = \frac{9}{14}$,

$c_2 = -0{,}\overline{545}$, $d_2 = 0{,}\overline{109}$.

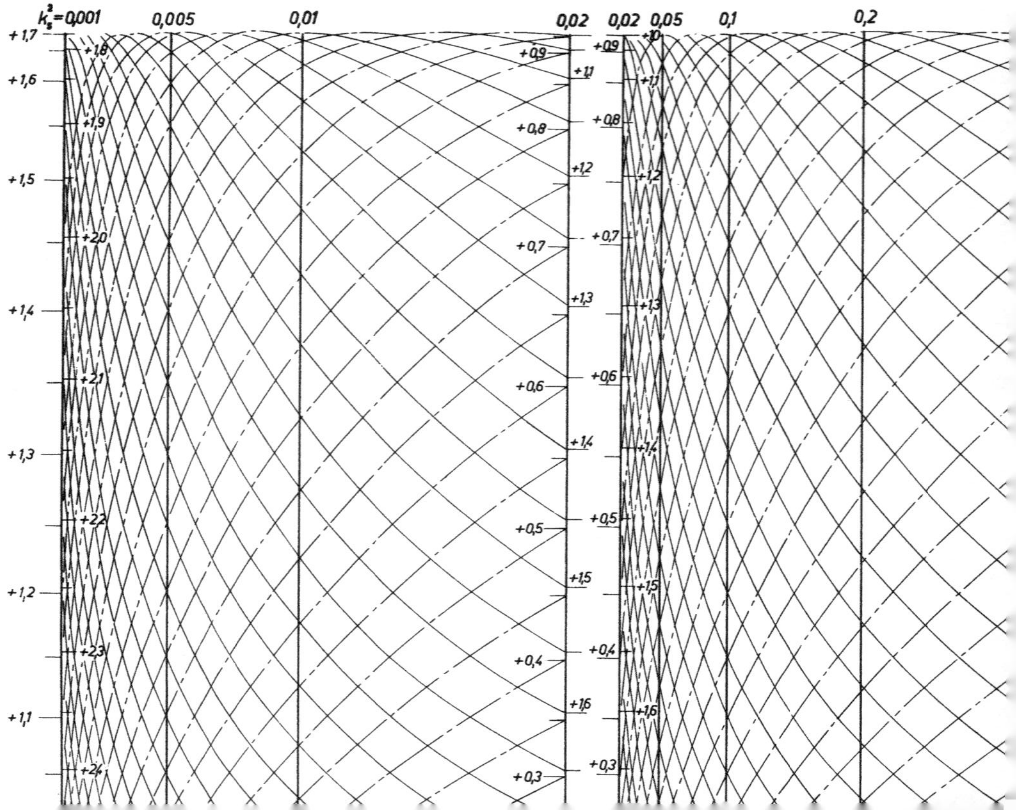

k_s^2=0,001
0,005
0,01
0,02
0,02
0,05
0,1
0,2
+1,7
+1,6
+1,5
+1,4
+1,3
+1,2
+1,1

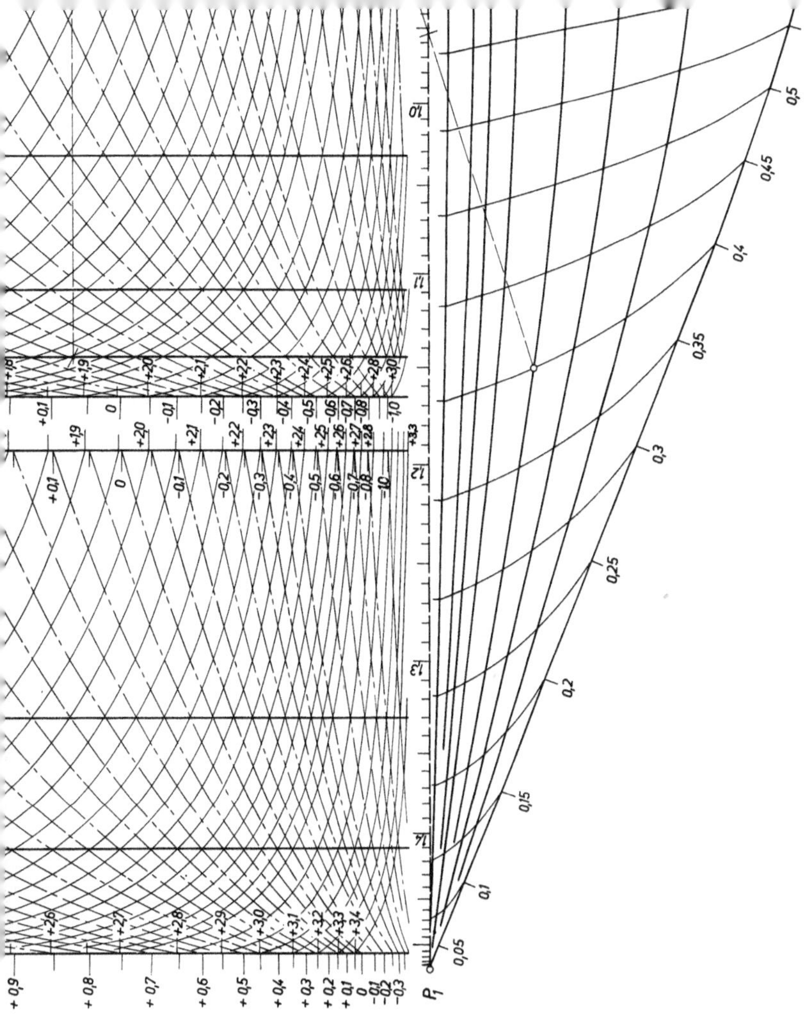

P1
0,05
0,1
0,15
0,2
0,25
0,3
0,35
0,4
0,45
0,5

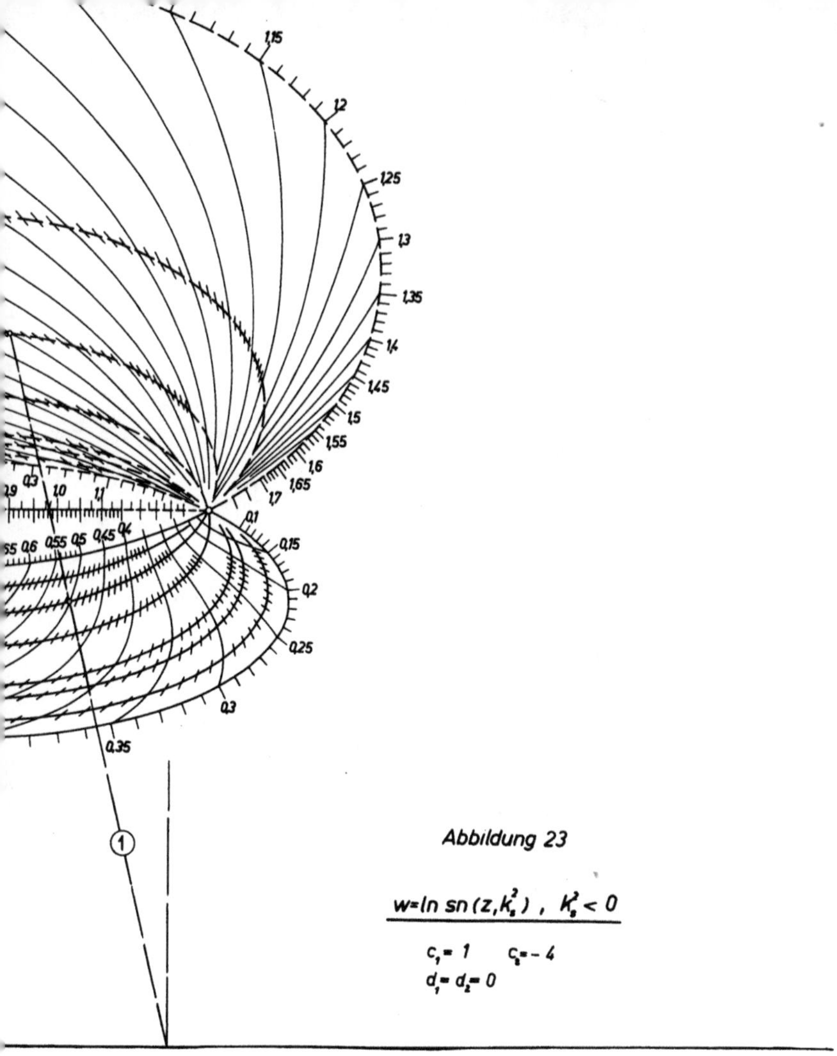

Abbildung 23

$w = \ln \operatorname{sn}(z, k_s^2)\ ,\ \ k_s^2 < 0$

$c_1 = 1 \quad c_2 = -4$

$d_1 = d_2 = 0$

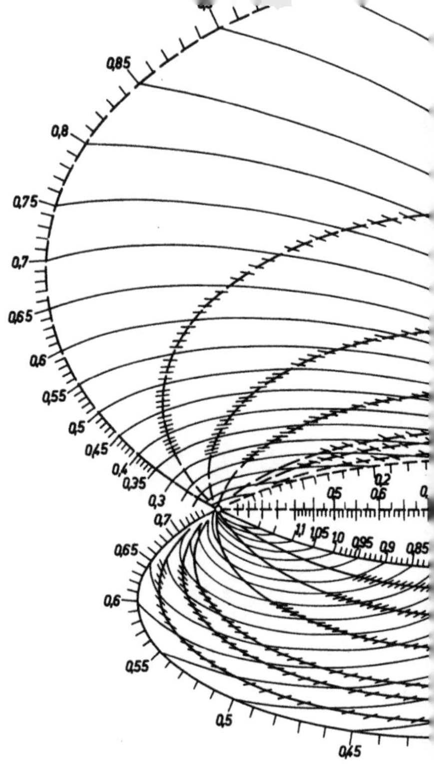

Beispiel ①

Ablesung: $\ln \operatorname{sn}(0{,}5+i0{,}7;-1)=-0{,}11+i0{,}9825$

Rechnung: $\ln \operatorname{sn}(0{,}5+i0{,}7;-1)=-0{,}1071+i0{,}9852$

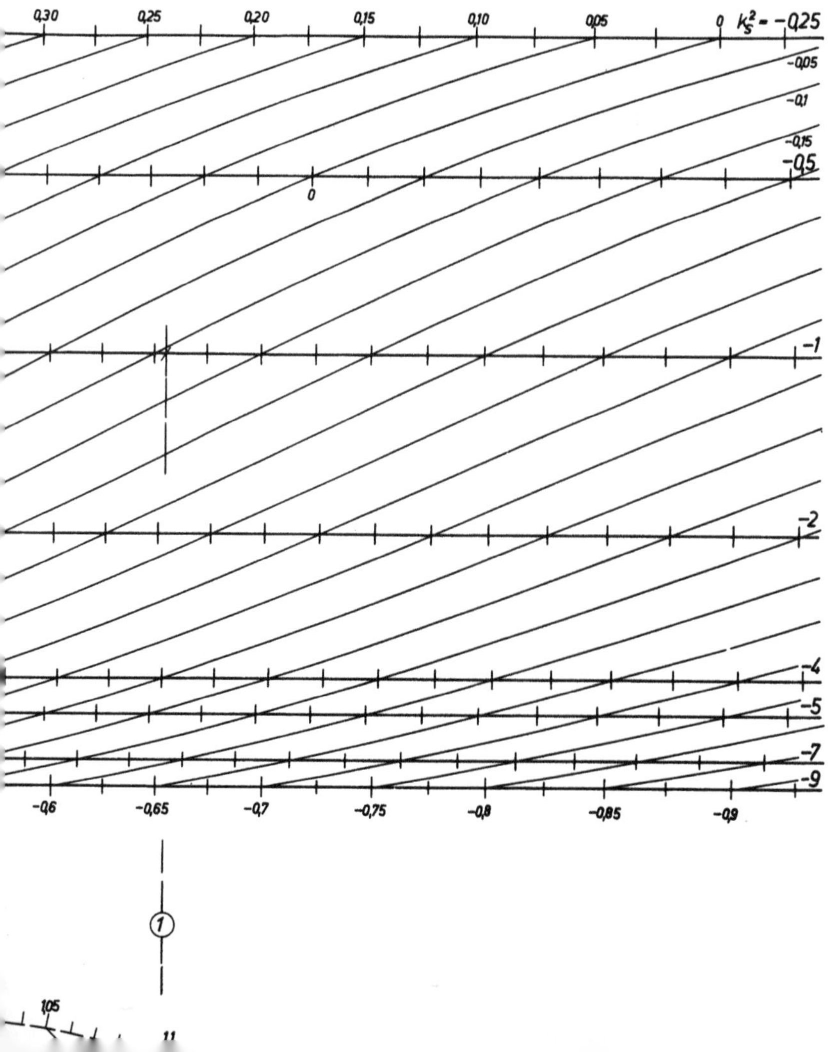
0,30
0,25
0,20
0,15
0,10
0,05
0
$K_S^2 = -0,25$
-0,05
-0,1
-0,15
-0,5
0
-1
-2
-4
-5
-7
-9
-0,6
-0,65
-0,7
-0,75
-0,8
-0,85
-0,9
1
1,05
1,1

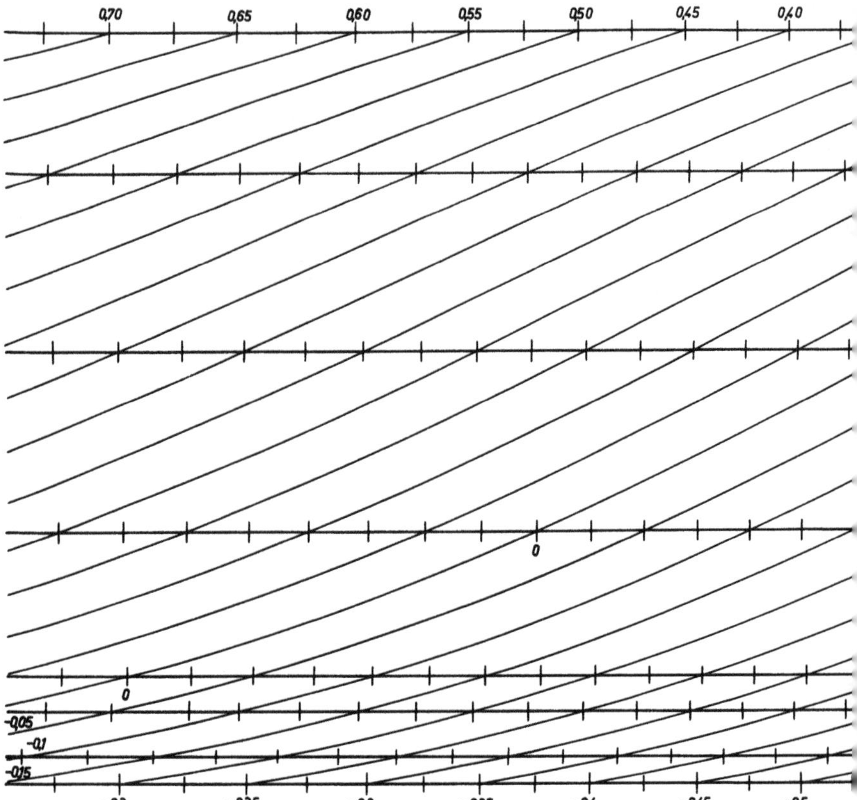
0,70
0,65
0,60
0,55
0,50
0,45
0,40
0
0
-0,05
-0,1
-0,15
-0,2
-0,25
-0,3
-0,35
-0,4
-0,45
-0,5

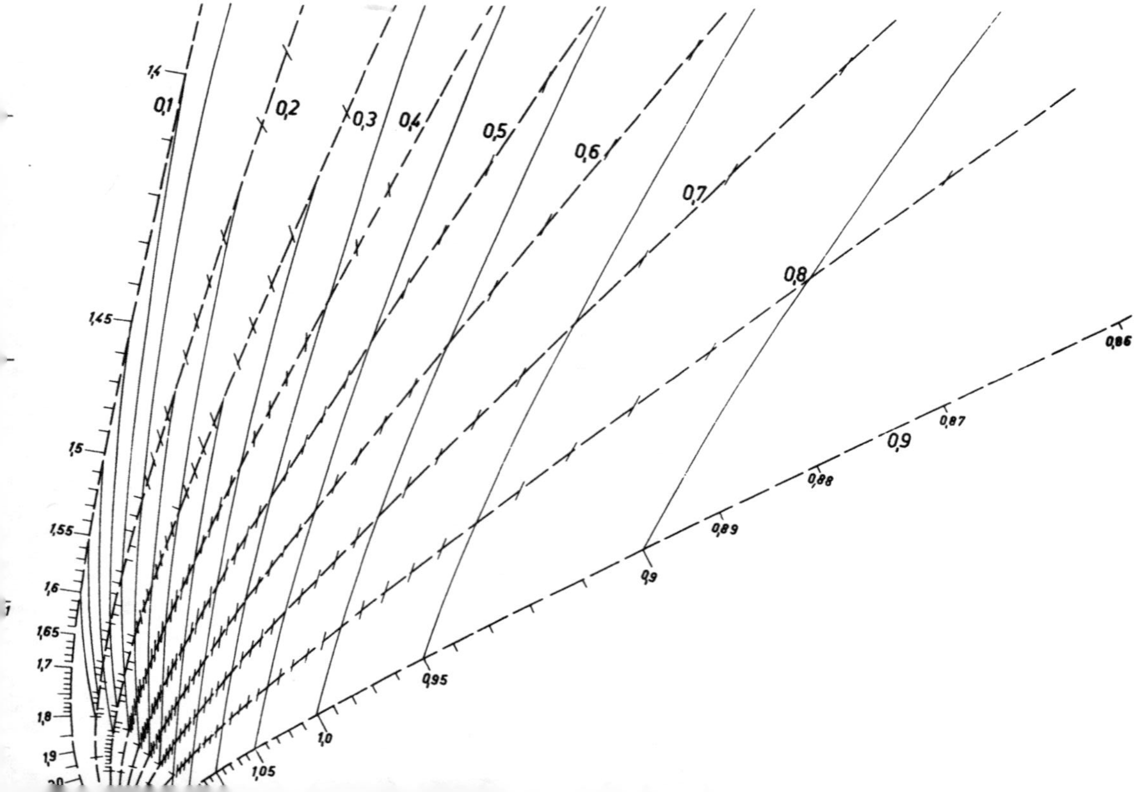

0,1
0,2
0,3
0,4
0,5
0,6
0,7
0,8
0,9
0,86
0,87
0,88
0,89
0,9
0,95
1,0
1,05
1,4
1,45
1,5
1,55
1,6
1,65
1,7
1,8
1,9

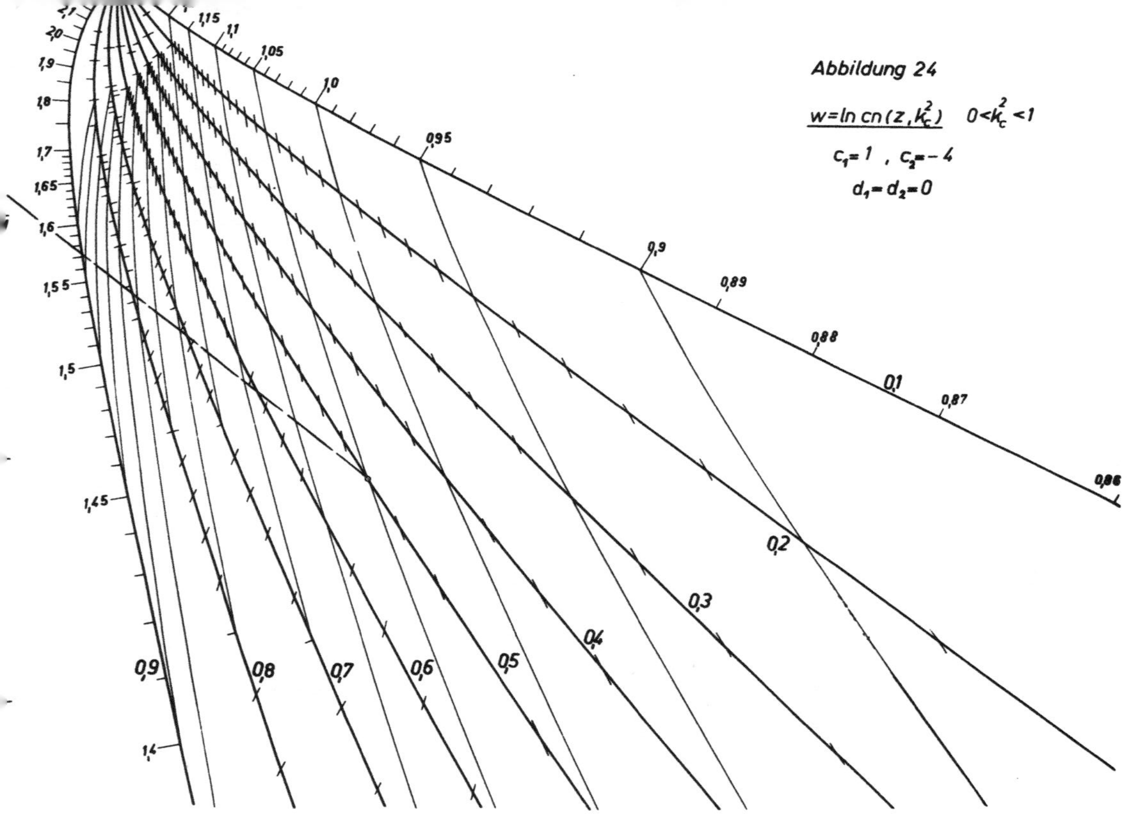

Abbildung 24

$w = \ln \mathrm{cn}(z, k_c^2)$ $\quad 0 < k_c^2 < 1$

$c_1 = 1 \;,\; c_2 = -4$

$d_1 = d_2 = 0$

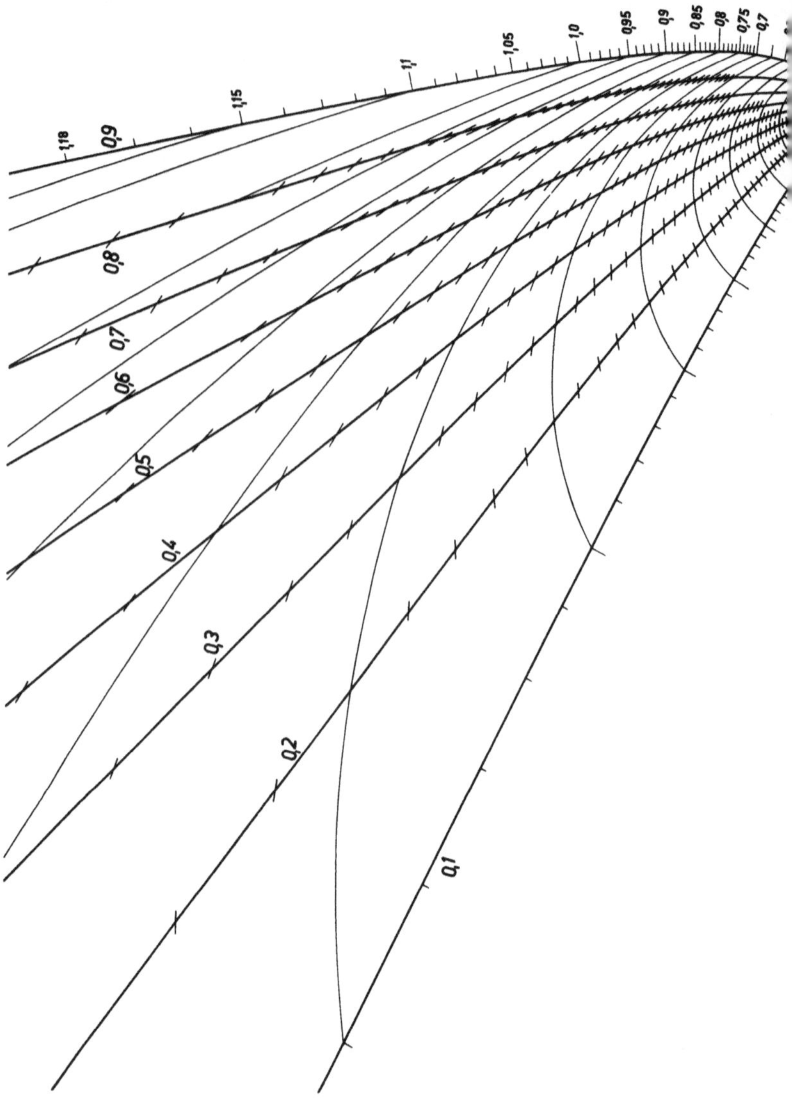
1,18
1,15
1,1
1,05
1,0
0,95
0,9
0,85
0,8
0,75
0,7
0,9
0,8
0,7
0,6
0,5
0,4
0,3
0,2
0,1

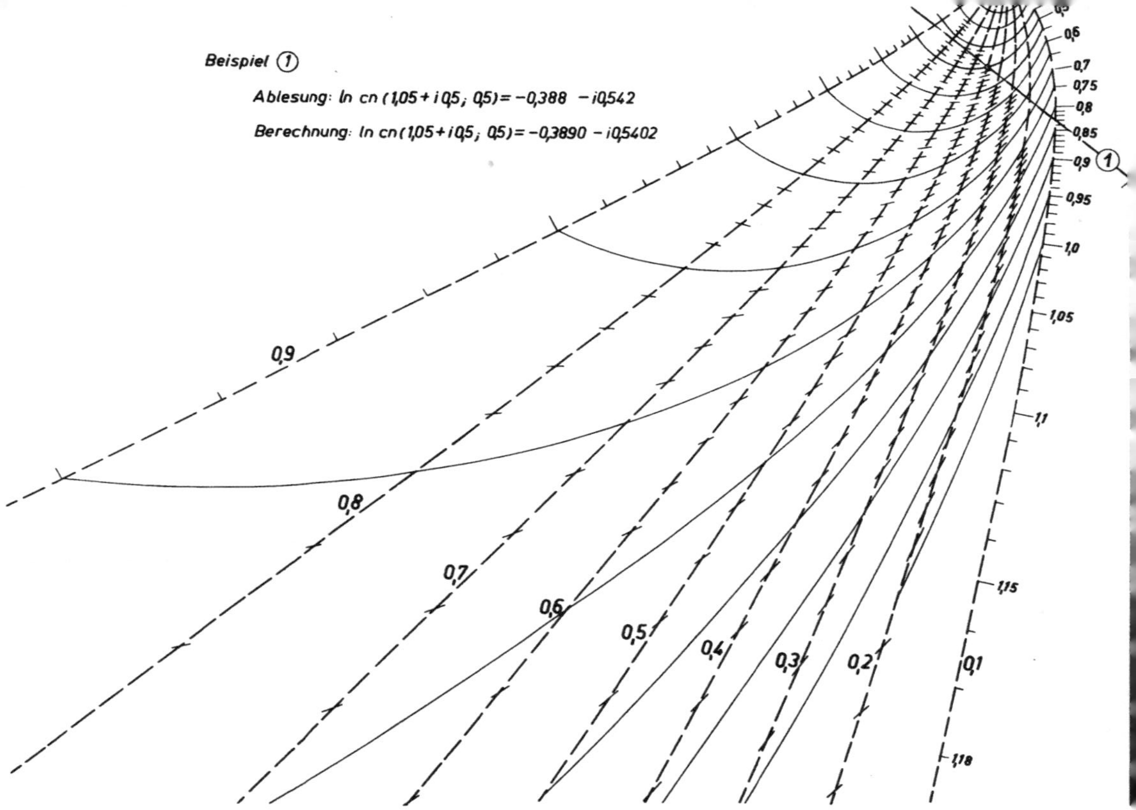

Beispiel (1)

Ablesung: $\ln \mathrm{cn}\,(1{,}05 + i\,0{,}5;\ 0{,}5) = -0{,}388 \ - i\,0{,}542$

Berechnung: $\ln \mathrm{cn}\,(1{,}05 + i\,0{,}5;\ 0{,}5) = -0{,}3890 - i\,0{,}5402$

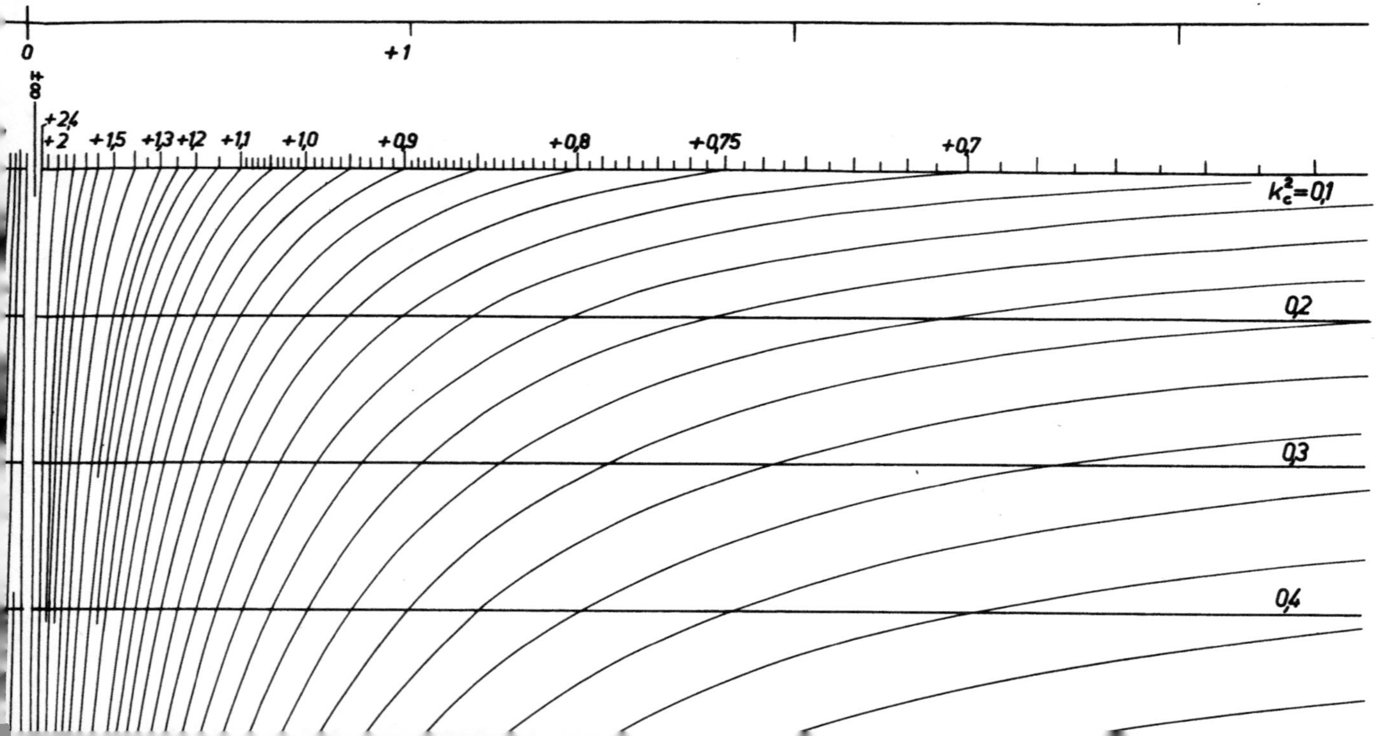

0
+1
±∞
+2,4
+2
+1,5
+1,3
+1,2
+1,1
+1,0
+0,9
+0,8
+0,75
+0,7
$k_c^2=0{,}1$
0,2
0,3
0,4

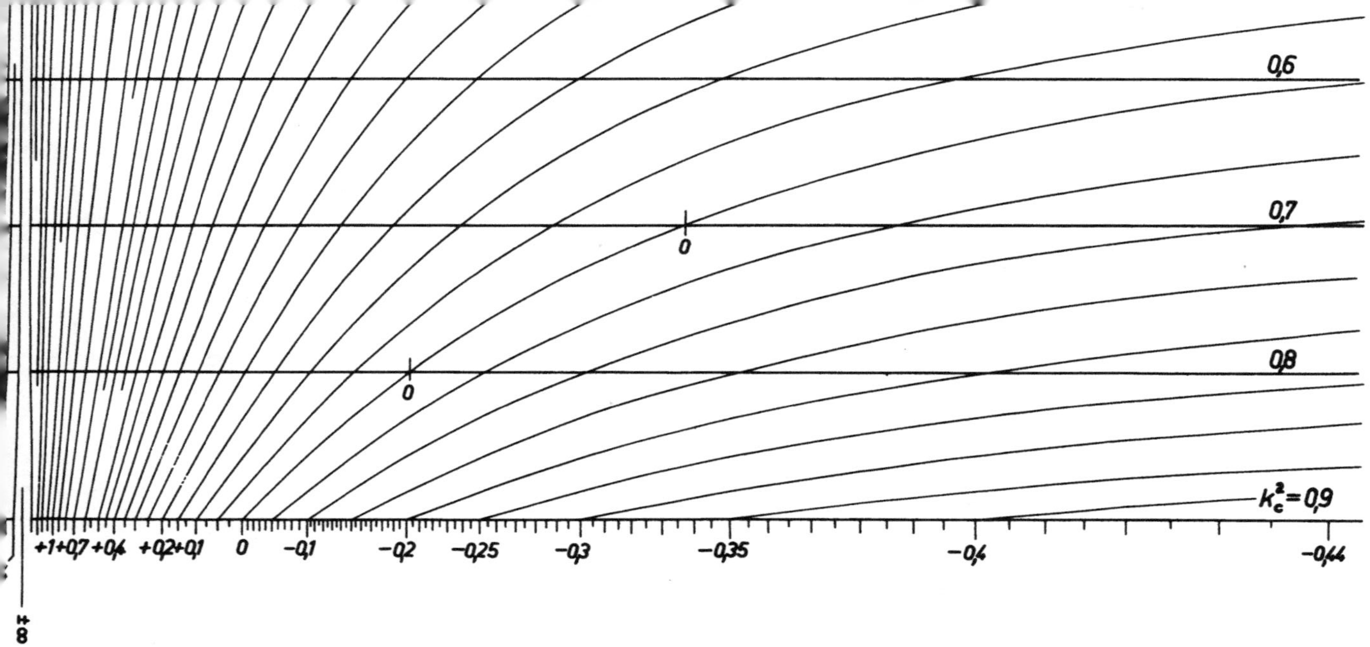
0,6
0,7
0,8
0
0
$k_c^2 = 0,9$
+1 +0,7 +0,4 +0,2 +0,1 0 −0,1 −0,2 −0,25 −0,3 −0,35 −0,4 −0,44
±∞

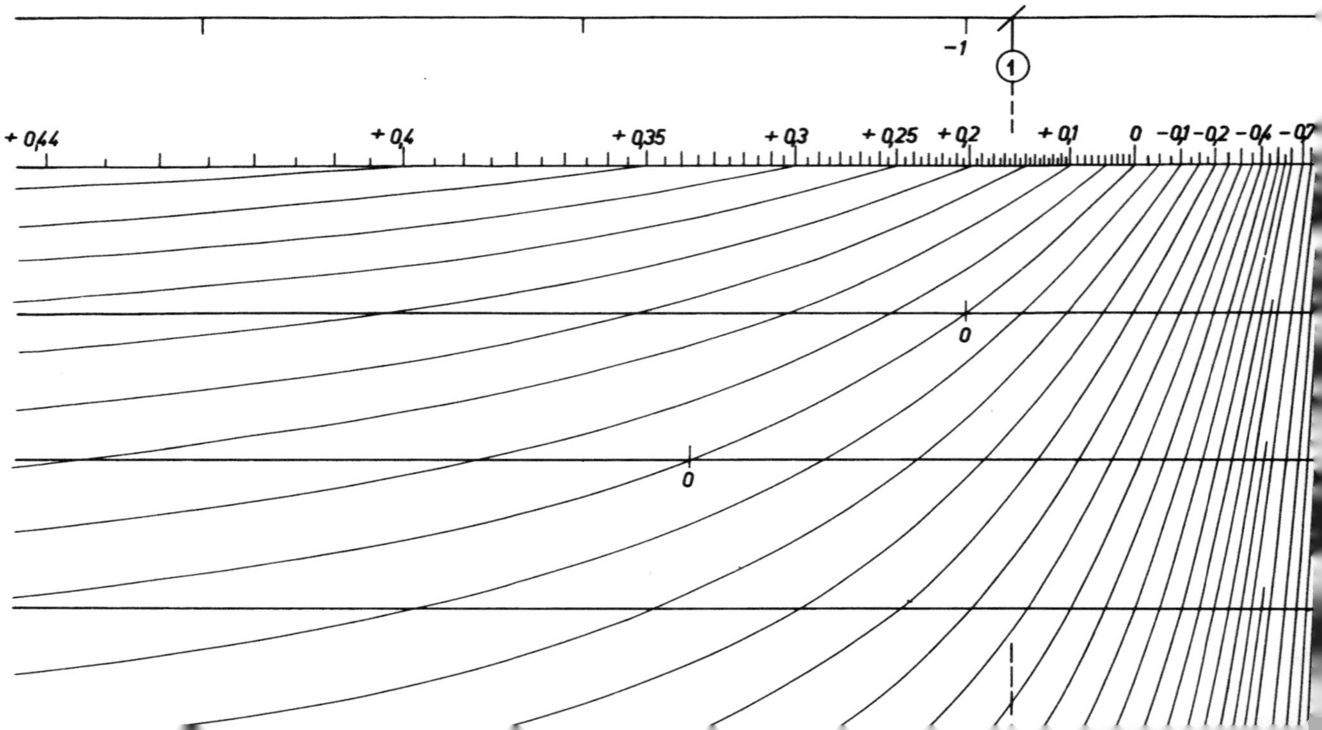

-1
1
+ 0,44
+ 0,4
+ 0,35
+ 0,3
+ 0,25
+ 0,2
+ 0,1
0
-0,1
-0,2
-0,4
-0,7
0
0

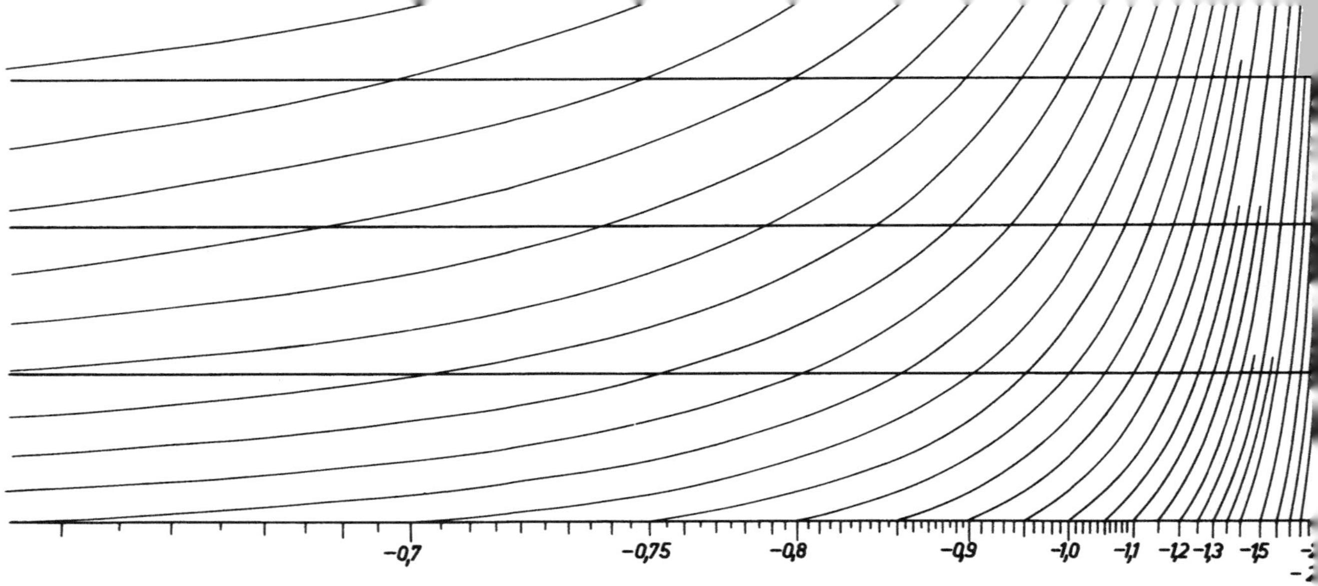

U-Skalen zu $w = \ln \mathrm{cn}(z, k_c^2)$
(Abbildung 24)

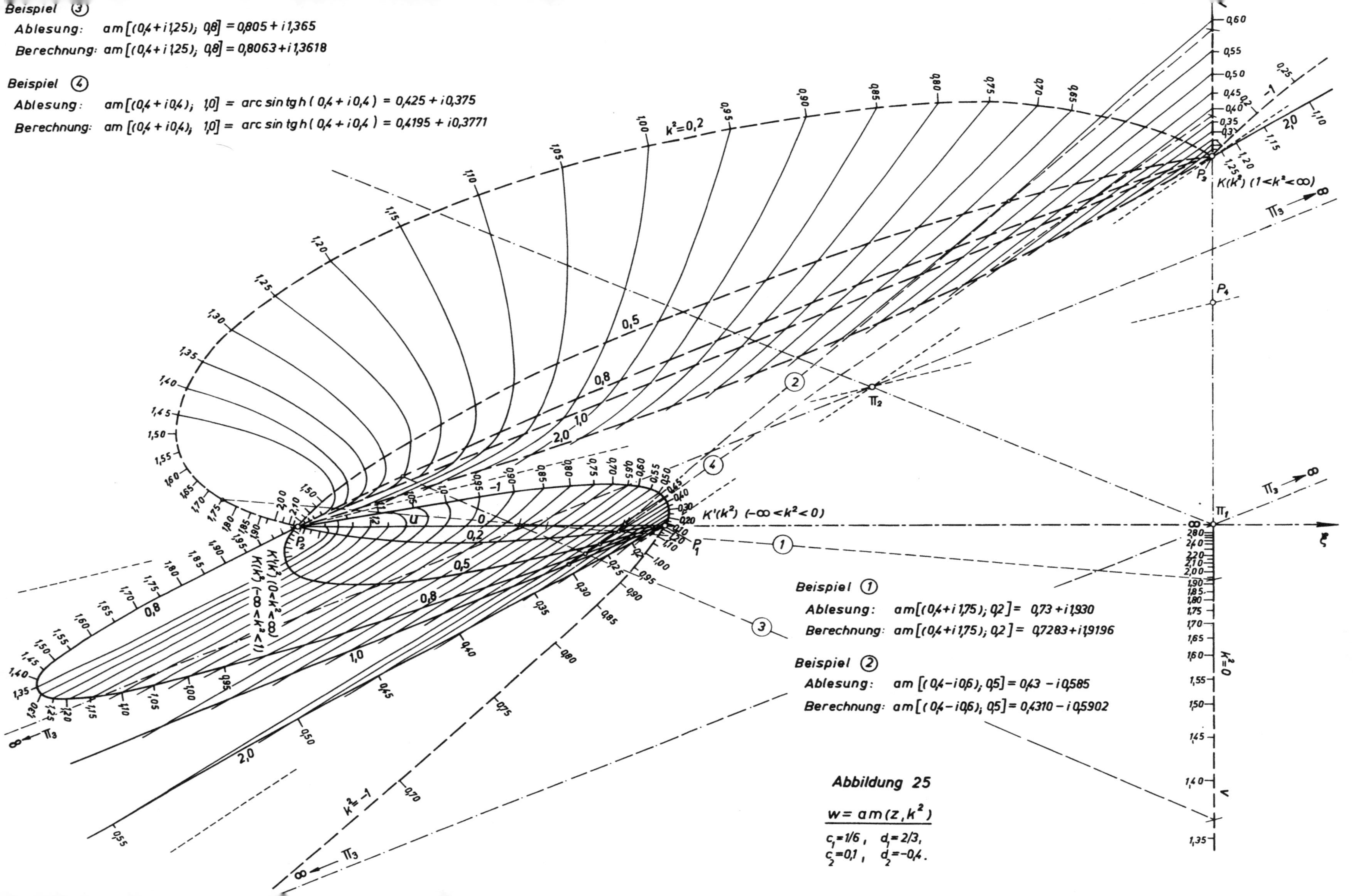

Abbildung 25

$w = am(z, k^2)$

$c_1 = 1/6$, $d_1 = 2/3$,
$c_2 = 0{,}1$, $d_2 = -0{,}4$.

Beispiel ①

Ablesung: $am\,[(0{,}4+i0{,}6);\,0{,}5] = 0{,}43 + i0{,}586$

Berechnung: $am\,[(0{,}4+i0{,}6);\,0{,}5] = 0{,}4310 + i0{,}5902$

Beispiel ②

Ablesung: $am\,[(1{,}05+i0{,}5);\,0{,}5] = 1{,}005 + i\,0{,}4035$

Berechnung: $am\,[(1{,}05+i0{,}5);\,0{,}5] = 1{,}0037 + i\,0{,}4023$

Beispiel ③

Ablesung: $am\,[(0{,}4+i0{,}4);\,1{,}0] = \text{arc sin tg h}\,(0{,}4+i0{,}4) = 0{,}41+i0{,}372$

Berechnung: $am\,[(0{,}4+i0{,}4);\,1{,}0] = \text{arc sin tg h}\,(0{,}4+i0{,}4) = 0{,}4195+i0{,}3771$

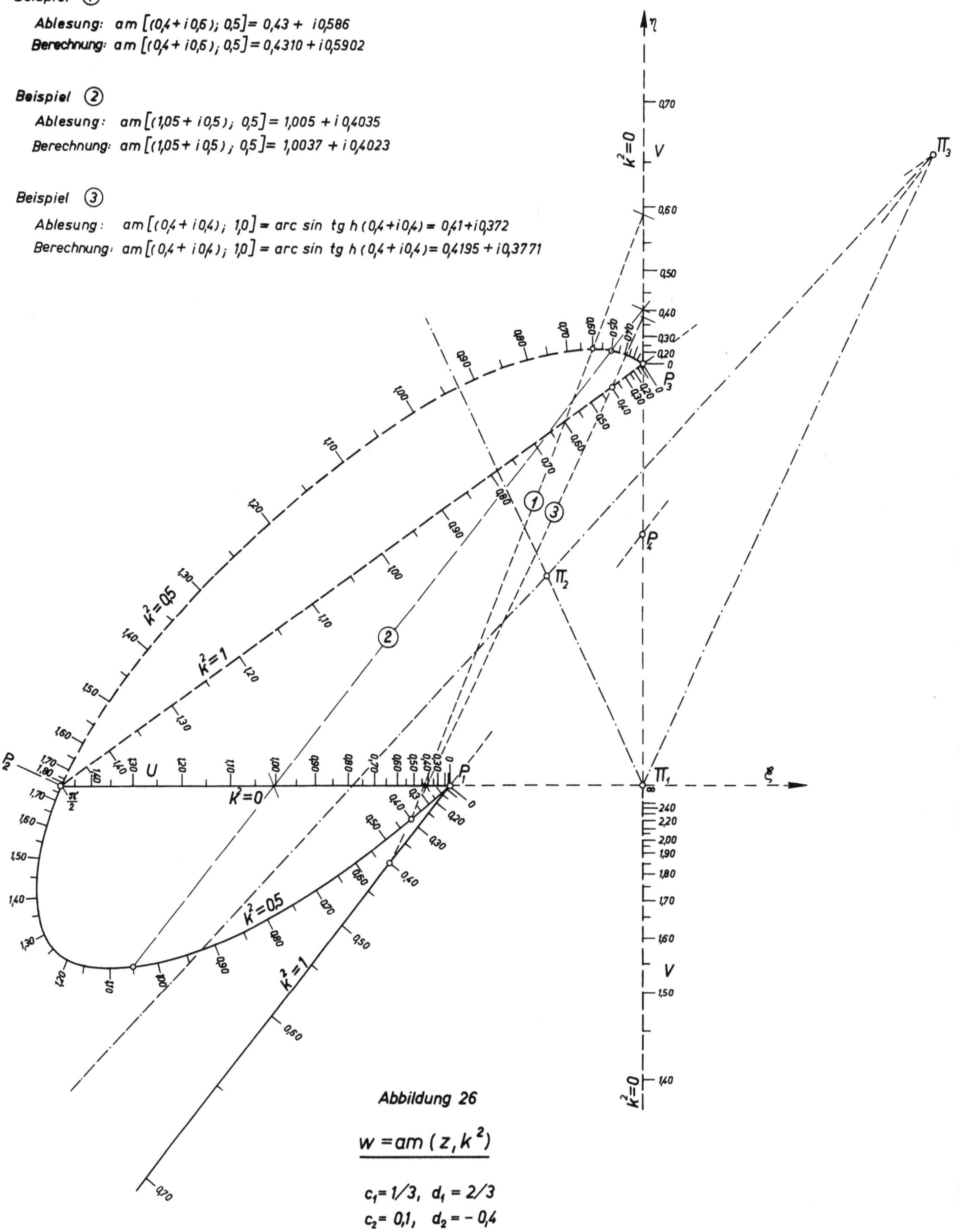

Abbildung 26

$w = am\,(z, k^2)$

$c_1 = 1/3,\ d_1 = 2/3$

$c_2 = 0{,}1,\ d_2 = -0{,}4$

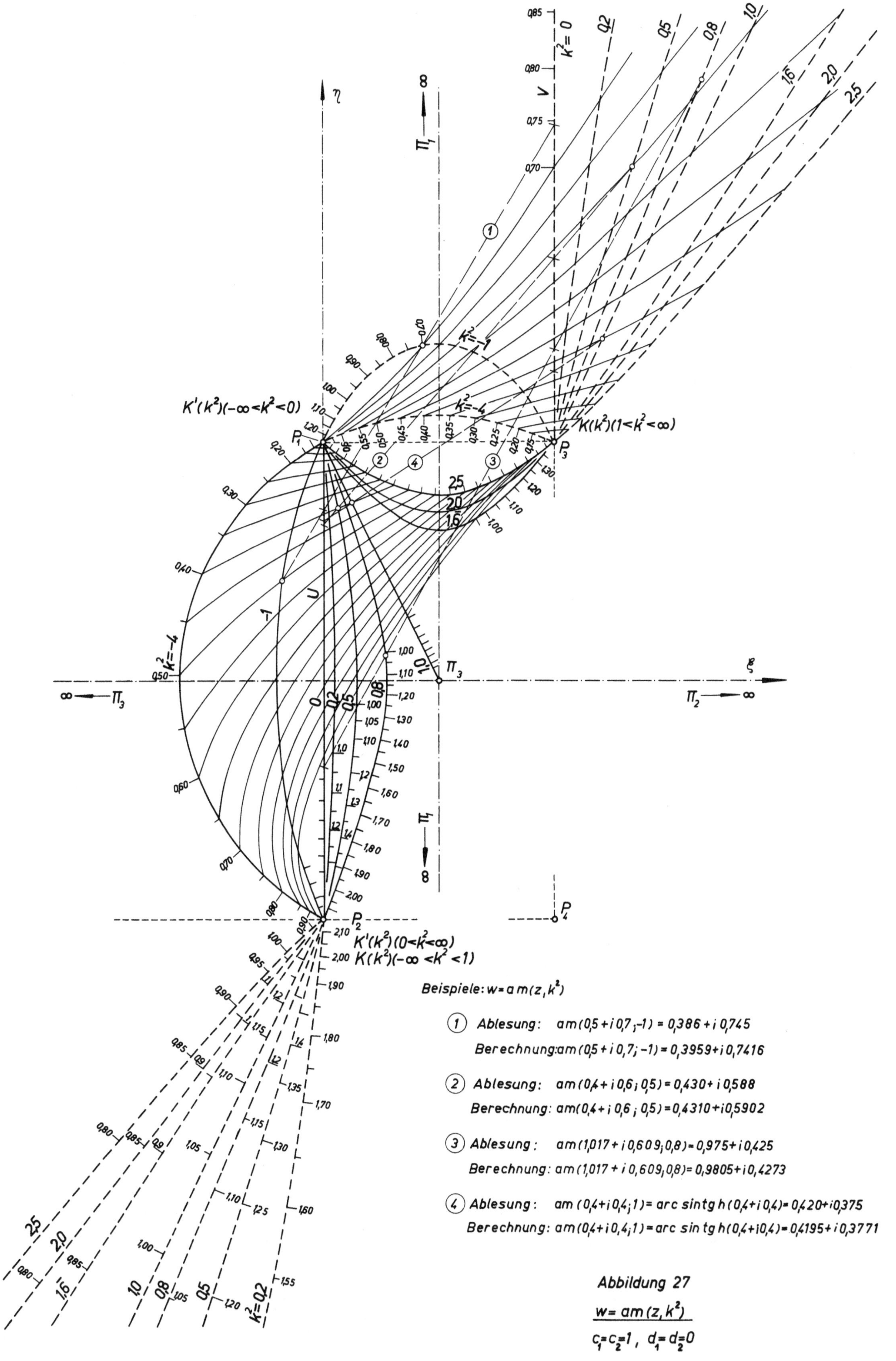

Beispiele: $w = am(z, k^2)$

(1) Ablesung: $am(0{,}5+i\,0{,}7;-1) = 0{,}386 + i\,0{,}745$

Berechnung: $am(0{,}5+i\,0{,}7;-1) = 0{,}3959 + i\,0{,}7416$

(2) Ablesung: $am(0{,}4+i\,0{,}6;0{,}5) = 0{,}430 + i\,0{,}588$

Berechnung: $am(0{,}4+i\,0{,}6;0{,}5) = 0{,}4310 + i\,0{,}5902$

(3) Ablesung: $am(1{,}017+i\,0{,}609;0{,}8) = 0{,}975 + i\,0{,}425$

Berechnung: $am(1{,}017+i\,0{,}609;0{,}8) = 0{,}9805 + i\,0{,}4273$

(4) Ablesung: $am(0{,}4+i\,0{,}4;1) = \text{arc sintgh}(0{,}4+i\,0{,}4) = 0{,}420 + i\,0{,}375$

Berechnung: $am(0{,}4+i\,0{,}4;1) = \text{arc sintgh}(0{,}4+i\,0{,}4) = 0{,}4195 + i\,0{,}3771$

Abbildung 27

$w = am(z, k^2)$

$c_1 = c_2 = 1, \; d_1 = d_2 = 0$

Beispiel ①

Ablesung: $am[(0{,}5+i)(-0{,}1-i0{,}3);\ 1{,}28-i0{,}96] = 0{,}261 - i\,0{,}247$

Berechnung: $am[(0{,}5+i)(-0{,}1-i0{,}3);\ 1{,}28-i0{,}96] = 0{,}2615 - i\,0{,}2476$

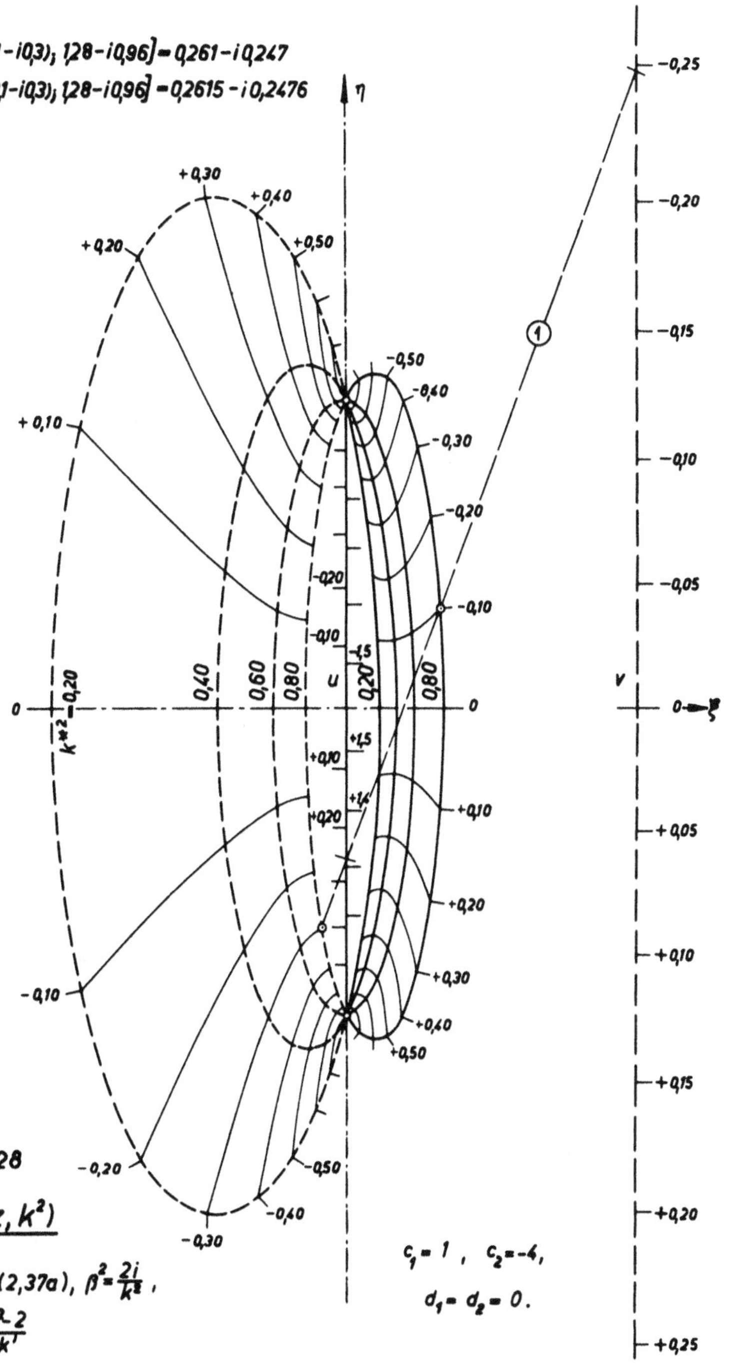

Abbildung 28

$w = am(\beta z, k^2)$

k^2 komplex, genügt (2,37a), $\beta^2 = \frac{2i}{k^2}$,

$k^{*2} = \frac{1}{2} - \frac{k^2 - 2}{4k'}$

$g_2 = 3{,}511\,114, \quad g_3 = -0{,}797\,017$

: $\ln\left[\wp\left(-\frac{0{,}6}{\sqrt{\lambda}} + i\frac{0{,}4}{\sqrt{\lambda}};\, g_2, g_3\right) - e_2\right] = 0{,}325 + i\,1{,}67$

ng: $\ln\left[\wp\left(-\frac{0{,}6}{\sqrt{\lambda}} + i\frac{0{,}4}{\sqrt{\lambda}};\, g_2, g_3\right) - e_2\right] = 0{,}3355 + i\,1{,}6602$ mit $\sqrt{\lambda} = 0{,}91469$

$g_2 = 25{,}399\,668, \quad g_3 = -24{,}417\,931$

: $\ln\left[\wp\left(0{,}35 + i\,0{,}5;\, g_2, g_3\right) - e_2\right] = 1{,}175 - i\,2{,}475$

ng: $\ln\left[\wp\left(0{,}35 + i\,0{,}5;\, g_2, g_3\right) - e_2\right] = 1{,}1750 - i\,2{,}4682$

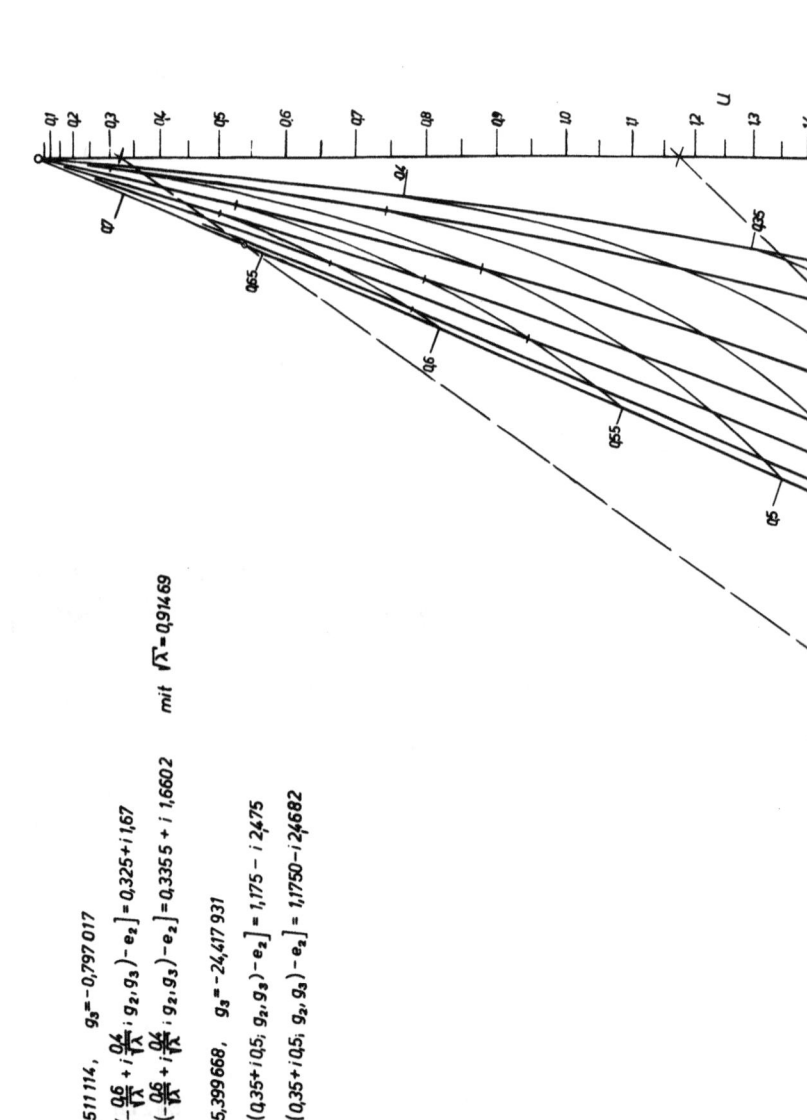

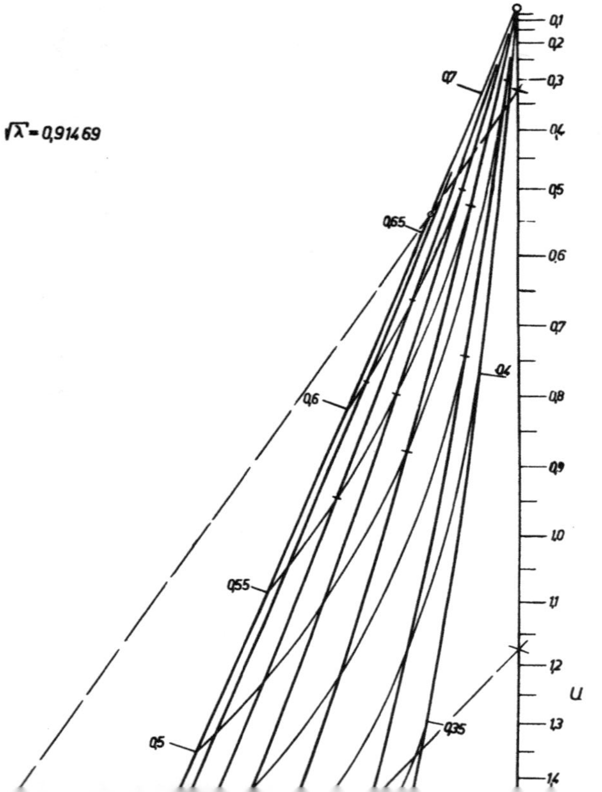

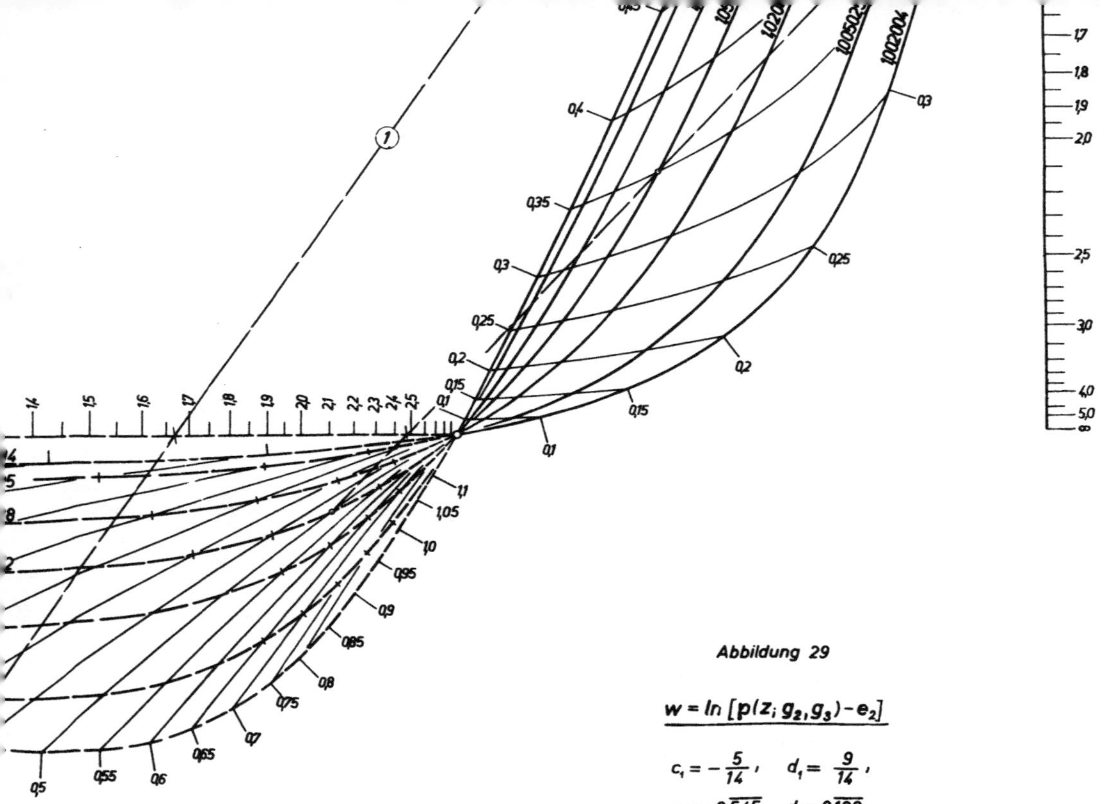

Abbildung 29

$$w = \ln\left[\wp(z;g_2,g_3) - e_2\right]$$

$$c_1 = -\frac{5}{14}, \quad d_1 = \frac{9}{14},$$

$$c_2 = -0{,}\overline{545}, \quad d_2 = 0{,}1\overline{09}$$

g_2	g_3	e_1	e_2	e_3	k_p^2
3,511 114	−0,797017	0,243 433	0,791 155	−1,034 588	1,428571
5,604 000	−2,144 000	0,447214	0,894 427	−1,341 641	1,250 000
12,133 345	−7,833091	0,843 275	1,159 502	−2,002777	1,111 111
25,399 668	−24,417 931	1,341 776	1,565 100	−2,906 877	1,052 632
65,360 511	−101,553 041	2,262 751	2,404 172	−4,666 923	1,020 408
265,346 674	−831,767 148	4,666 964	4,737 674	−9,404 638	1,005 025
665,337 226	−3 302,744 504	7,423 753	7,468 474	−14,892 226	1,002 004

Beispiel: (1)

Ablesun

Berech

Beispiel: (2)

Ablesun

Berech

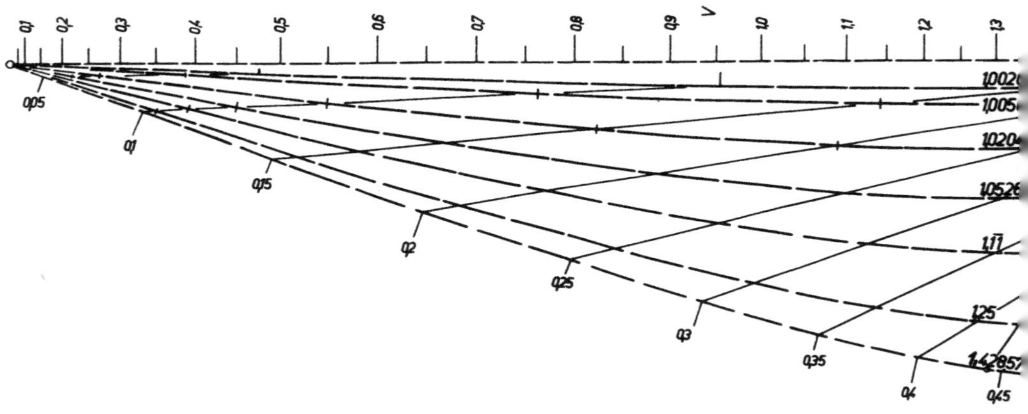

V
0,1
0,2
0,3
0,4
0,5
0,6
0,7
0,8
0,9
1,0
1,1
1,2
1,3
0,05
0,1
0,15
0,2
0,25
0,3
0,35
0,4
0,45
1,002
1,005
1,020
1,0526
1,11
1,25
1,4285

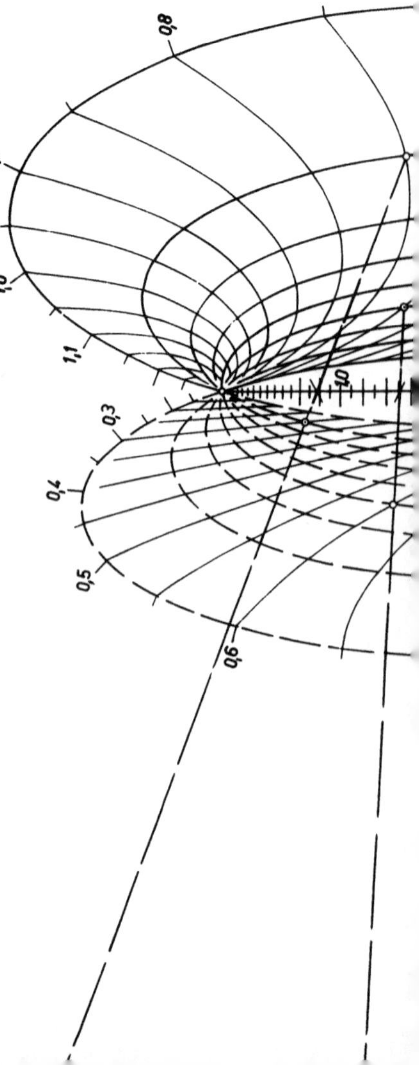
0,8
0,9
1,0
1,1
0,3
0,4
0,5
0,6
1,0

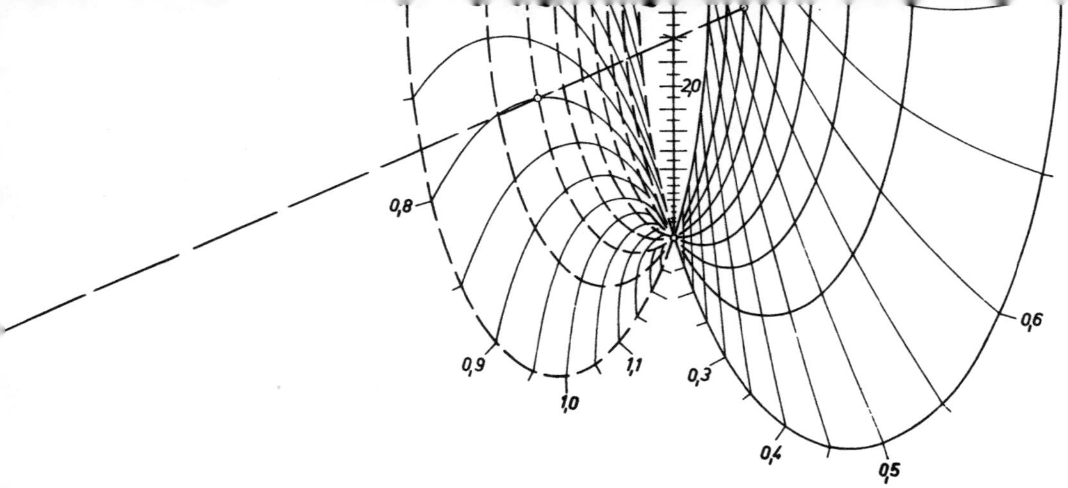

Abbildung 30

$$w = \ln\left[\wp(z;g_2,g_3) - e_2\right]$$

$c_1 = 1$, $c_2 = 16$,
$d_1 = d_2 = 0$.

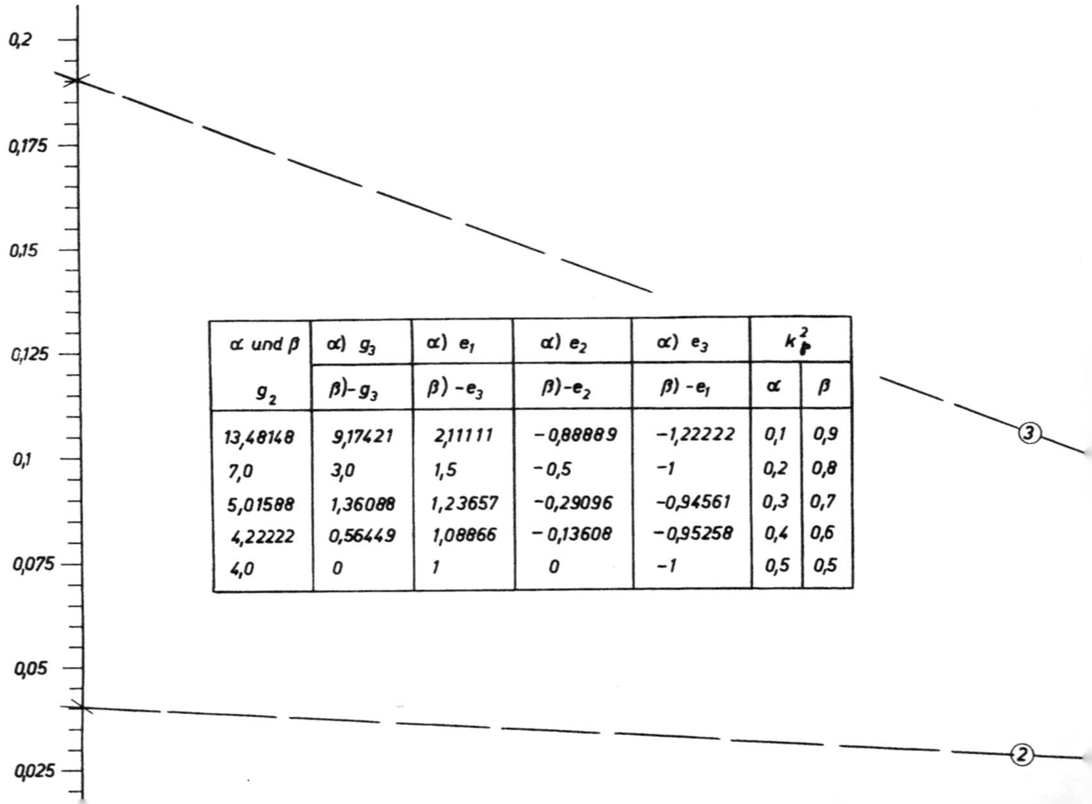

α und β	α) g_3	α) e_1	α) e_2	α) e_3	k^2	
g_2	β) $-g_3$	β) $-e_3$	β) $-e_2$	β) $-e_1$	α	β
13,48148	9,17421	2,11111	−0,88889	−1,22222	0,1	0,9
7,0	3,0	1,5	−0,5	−1	0,2	0,8
5,01588	1,36088	1,23657	−0,29096	−0,94561	0,3	0,7
4,22222	0,56449	1,08866	−0,13608	−0,95258	0,4	0,6
4,0	0	1	0	−1	0,5	0,5

Berechnung: $\ln[\wp(0{,}55 + i\,0{,}8;\, g_2, g_3) - e_2] = -0{,}1903 - i\,1{,}8032$

Beispiel ②

$g_2 = 4{,}22222$, $g_3 = 0{,}56449$

Ablesung: $\ln[\wp(0{,}7 + i\,0{,}6;\, g_2, g_3) - e_2] = 0{,}0405 + i\,1{,}252$

Berechnung: $\ln[\wp(0{,}7 + i\,0{,}6;\, g_2, g_3) - e_2] = 0{,}0407 + i\,1{,}2523$

Beispiel ③

$g_2 = 7{,}00000$, $g_3 = -3{,}00000$

Ablesung: $\ln[\wp(0{,}75 + i\,0{,}3;\, g_2, g_3) - e_2] = 0{,}191 - i\,0{,}883$

Berechnung: $\ln[\wp(0{,}75 + i\,0{,}3;\, g_2, g_3) - e_2] = 0{,}1912 - i\,0{,}8847$

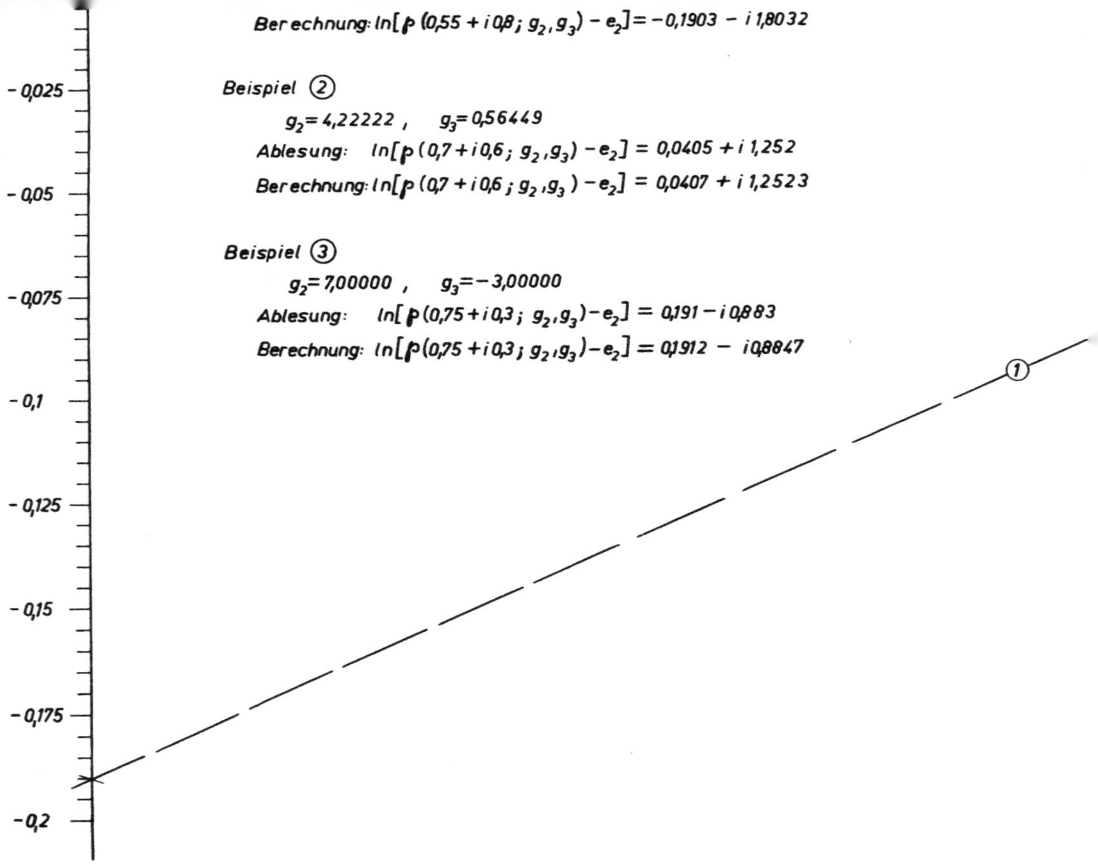

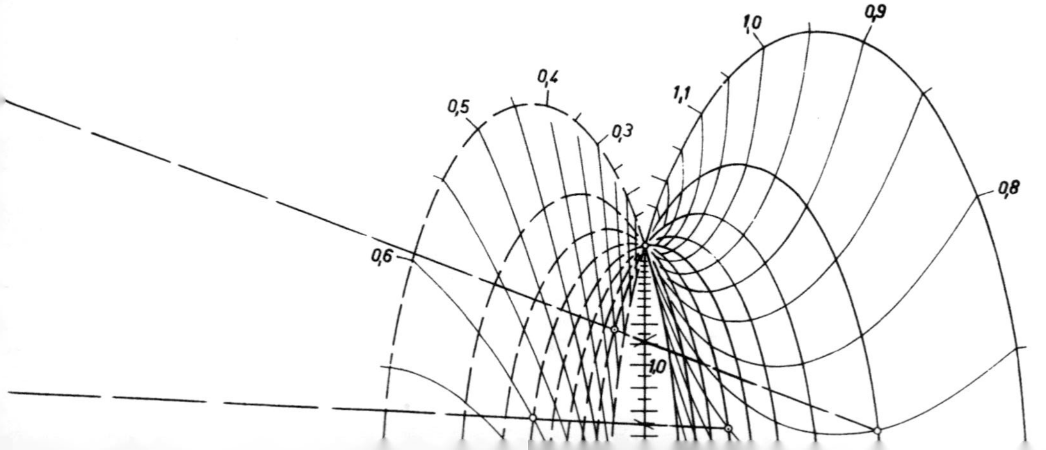
1,0
0,9
0,4
0,5
1,1
0,3
0,8
0,6
1,0

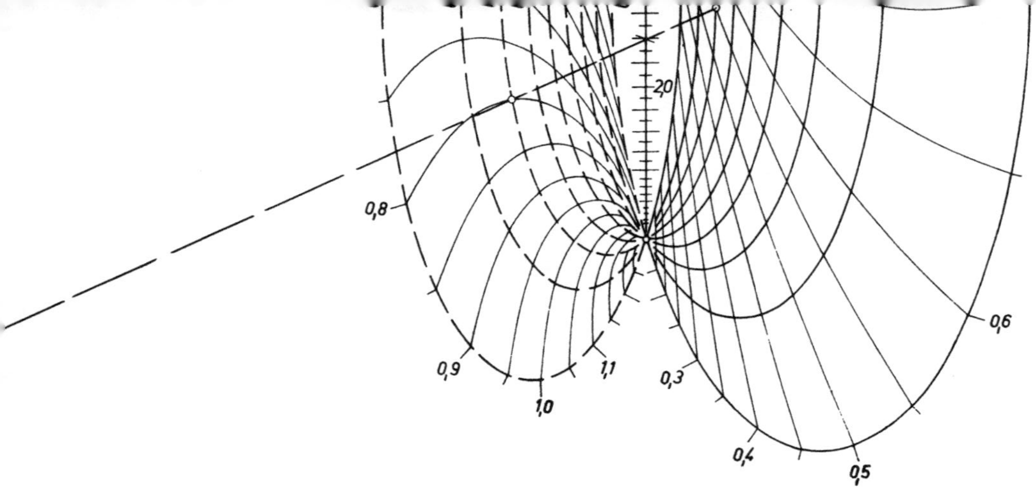

Abbildung 30

$$w = \ln\left[\wp(z; g_2, g_3) - e_2\right]$$

$c_1 = 1, \quad c_2 = 16,$

$d_1 = d_2 = 0.$

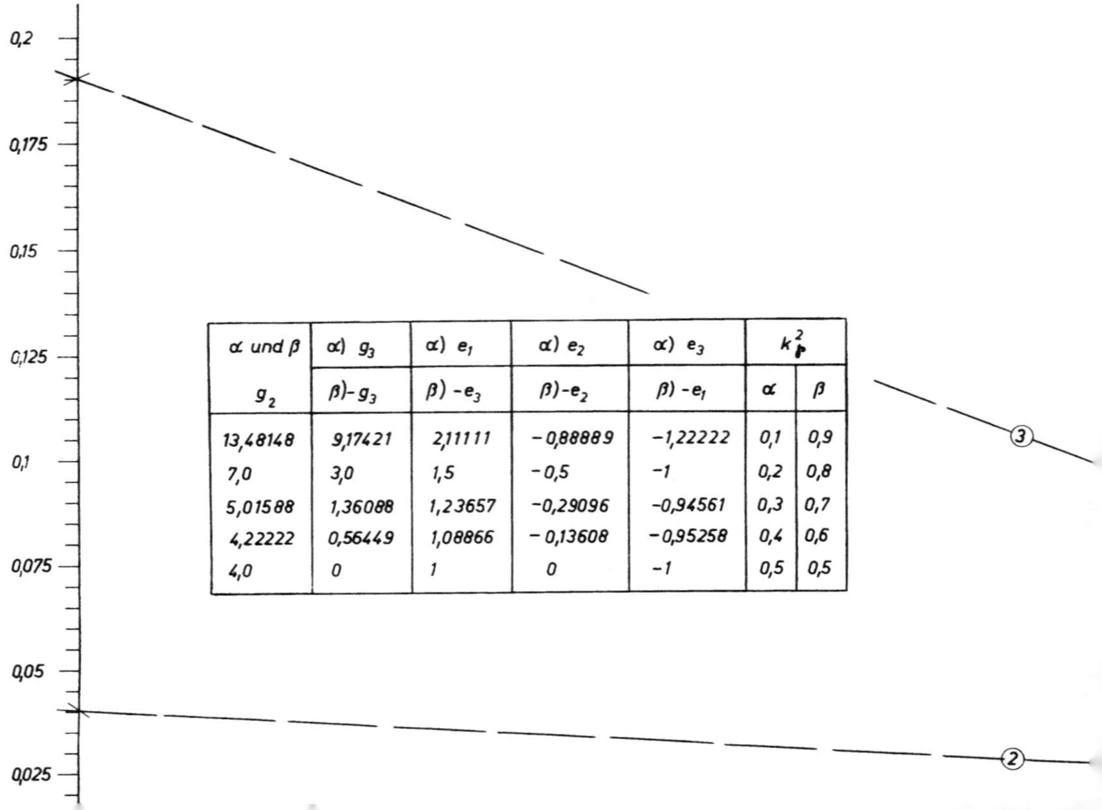

α und β	α) g_3	α) e_1	α) e_2	α) e_3	k^2_β	
g_2	β) $-g_3$	β) $-e_3$	β) $-e_2$	β) $-e_1$	α	β
13,48148	9,17421	2,11111	−0,88889	−1,22222	0,1	0,9
7,0	3,0	1,5	−0,5	−1	0,2	0,8
5,01588	1,36088	1,23657	−0,29096	−0,94561	0,3	0,7
4,22222	0,56449	1,08866	−0,13608	−0,95258	0,4	0,6
4,0	0	1	0	−1	0,5	0,5

Berechnung: $\ln[\wp(0{,}55 + i\,0{,}8;\, g_2, g_3) - e_2] = -0{,}1903 - i\,1{,}8032$

Beispiel ②

$g_2 = 4{,}22222\,, \quad g_3 = 0{,}56449$

Ablesung: $\ln[\wp(0{,}7 + i\,0{,}6;\, g_2, g_3) - e_2] = 0{,}0405 + i\,1{,}252$

Berechnung: $\ln[\wp(0{,}7 + i\,0{,}6;\, g_2, g_3) - e_2] = 0{,}0407 + i\,1{,}2523$

Beispiel ③

$g_2 = 7{,}00000\,, \quad g_3 = -3{,}00000$

Ablesung: $\ln[\wp(0{,}75 + i\,0{,}3;\, g_2, g_3) - e_2] = 0{,}191 - i\,0{,}883$

Berechnung: $\ln[\wp(0{,}75 + i\,0{,}3;\, g_2, g_3) - e_2] = 0{,}1912 - i\,0{,}8847$

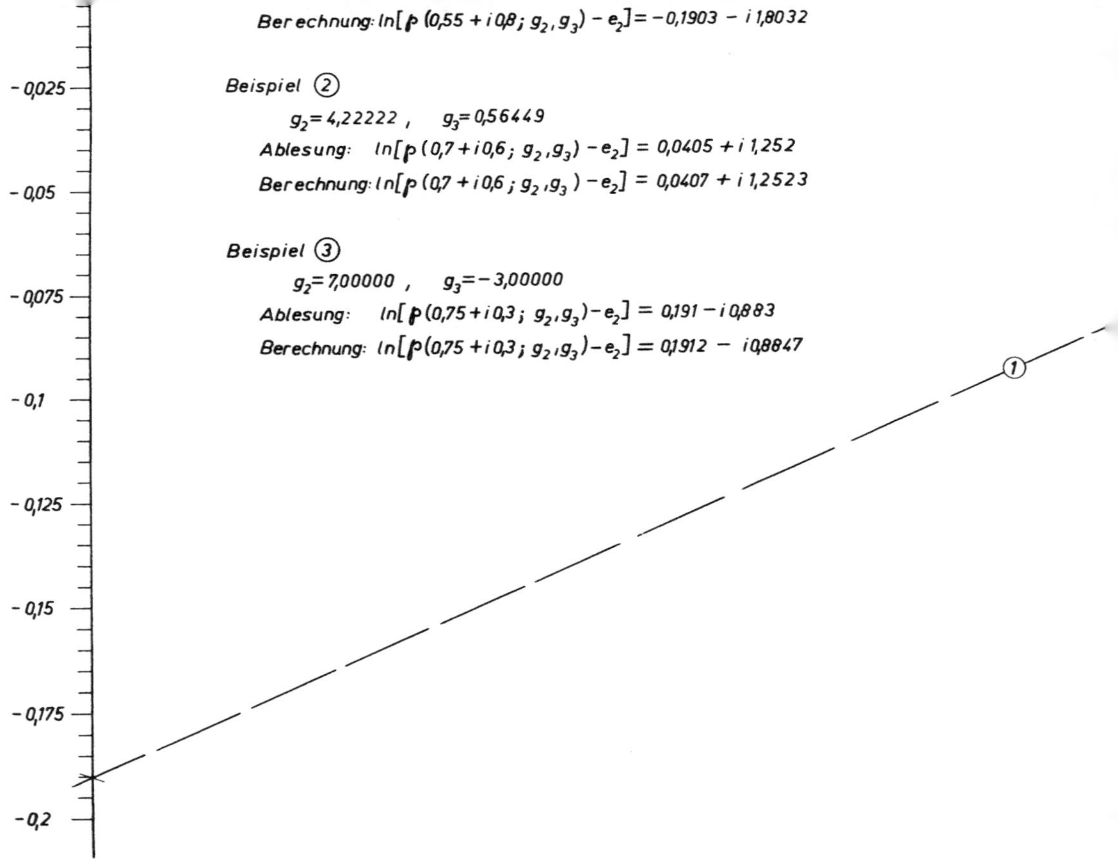

FORSCHUNGSBERICHTE DES LANDES NORDRHEIN-WESTFALEN

Herausgegeben durch das Kultusministerium

ELEKTROTECHNIK · OPTIK

HEFT 1
Prof. Dr.-Ing. E. Flegler, Aachen
Untersuchungen oxydischer Ferromagnet-Werkstoffe
1952, 20 Seiten, DM 6,75

HEFT 12
Elektrowärme-Institut, Langenberg (Rhld.)
Induktive Erwärmung mit Netzfrequenz
1952, 22 Seiten, 6 Abb., DM 5,20

HEFT 23
Institut für Starkstromtechnik, Aachen
Rechnerische und experimentelle Untersuchungen zur Kenntnis der Metadyne als Umformer von konstanter Spannung auf konstanten Strom
1953, 52 Seiten, 21 Abb., 4 Tafeln, DM 9,75

HEFT 24
Institut für Starkstromtechnik, Aachen
Vergleich verschiedener Generator-Metadyne-Schaltungen in bezug auf statisches Verhalten
1952, 44 Seiten, 23 Abb., DM 8,50

HEFT 44
Arbeitsgemeinschaft für praktische Dehnungsmessung, Düsseldorf
Eigenschaften und Anwendungen von Dehnungsmeßstreifen
1953, 68 Seiten, 43 Abb., 2 Tabellen, DM 13,70

HEFT 62
Prof. Dr. W. Franz, Institut für theoretische Physik der Universität Münster
Berechnung des elektrischen Durchschlags durch feste und flüssige Isolatoren
1954, 36 Seiten, DM 7,—

HEFT 77
Meteor Apparatebau Paul Schmeck GmbH., Siegen
Entwicklung von Leuchtstoffröhren hoher Leistung
1954, 46 Seiten, 12 Abb., 2 Tabellen, DM 9,15

HEFT 100
Prof. Dr.-Ing. H. Opitz, Aachen
Untersuchungen von elektrischen Antrieben, Steuerungen und Regelungen an Werkzeugmaschinen
1955, 166 Seiten, 71 Abb., 3 Tabellen, DM 31,30

HEFT 156
Prof. Dr.-Ing. habil. B. v. Borries, Dr. rer. nat. Dipl.-Chem. J. Johann, Ing. J. Huppertz, Dipl.-Phys. G. Langner, Dr. rer. nat. Dipl.-Phys. F. Lenz und Dipl.-Phys. W. Scheffels, Düsseldorf
Die Entwicklung regelbarer permanentmagnetischer Elektronenlinsen hoher Brechkraft und eines mit ihnen ausgerüsteten Elektronenmikroskopes neuer Bauart
1956, 102 Seiten, 52 Abb., DM 22,55

HEFT 179
Dipl.-Ing. H. F. Reineke, Bochum
Entwicklungsarbeiten auf dem Gebiete der Meß- und Regeltechnik
1955, 46 Seiten, 10 Abb., DM 10,—

HEFT 181
Prof. Dr. W. Franz, Münster
Theorie der elektrischen Leitvorgänge in Halbleitern und isolierenden Festkörpern bei hohen elektrischen Feldern
1955, 28 Seiten, 2 Abb., 1 Tabelle, DM 6,20

HEFT 208
Prof. Dr.-Ing. H. Müller, Essen
Untersuchung von Elektrowärmegeräten für Laienbedienung hinsichtlich Sicherheit und Gebrauchsfähigkeit. I. Untersuchungen an Kochplatten
1956, 100 Seiten, 76 Abb., 7 Tabellen, DM 22,70

HEFT 213
Dipl.-Ing. K. F. Rittinghaus, Aachen
Zusammenstellung eines Meßwagens für Bau- und Raumakustik
1957, 96 Seiten, 17 Abb., 7 Tabellen, DM 19,80

HEFT 216
Dr. E. Kloth, Köln
Untersuchungen über die Ausbreitung kurzer Schallimpulse bei der Materialprüfung mit Ultraschall
1956, 90 Seiten, 60 Abb., 4 Tabellen, DM 19,40

HEFT 265
Prof. Dr. F. Micheel und Dr. R. Engel, Münster
Eine Apparatur zur elektrophoretischen Trennung von Stoffgemischen
1956, 38 Seiten, 21 Abb., DM 9,20

HEFT 276
Fa. E. Haage, Mülheim (Ruhr)
Entwicklungsarbeiten im Apparatebau für Laboratorien
1956, 48 Seiten, 18 Abb., DM 10,50

HEFT 309
Prof. Dr. K. Cruse, Dipl.-Phys. B. Ricke und Dipl.-Phys. R. Huber, Clausthal-Zellerfeld
Aufbau und Arbeitsweise eines universell verwendbaren Hochfrequenz-Titrationsgerätes
1957, 48 Seiten, 29 Abb., DM 11,90

HEFT 310
Dr. P. F. Müller, Bonn
Die Integrieranlage des Rheinisch-Westfälischen Instituts für Instrumentelle Mathematik in Bonn
1956, 62 Seiten, 6 Abb., 31 Schaltskizzen, DM 14,45

HEFT 331
Dipl.-Ing. G. Bretschneider, Ruit
Die Messung der wiederkehrenden Spannung mit Hilfe des Netzmodelles
1957, 46 Seiten, 21 Abb., 2 Tabellen, DM 11,20

HEFT 341
Prof. Dr.-Ing. H. Winterhager und Dipl.-Ing. L. Werner, Aachen
Präzisions-Meßverfahren zur Bestimmung des elektrischen Leitvermögens geschmolzener Salze
1956, 44 Seiten, 19 Abb., 1 Tabelle, DM 10,60

HEFT 403
Prof. Dr.-Ing. P. Denzel und Dipl.-Ing. W. Cremer, Aachen
Verbesserung der Benutzungsdauer der Höchstlast in ländlichen Netzen durch Anwendung elektrischer Geräte in der Landwirtschaft
1957, 46 Seiten, 23 Abb., DM 12,10

HEFT 438
Prof. Dr.-Ing. H. Winterhager und Dr.-Ing. L. Werner, Aachen
Bestimmung des elektrischen Leitvermögens geschmolzener Fluoride
1957, 52 Seiten, 18 Abb., 10 Tabellen, DM 11,90

HEFT 440
Dr.-Ing. H. Wolf, Aachen
Gekoppelte Hochfrequenzleitungen als Richtkoppler
1958, 108 Seiten, 44 Abb., DM 31,60

HEFT 513
Prof. Dr. W. L. Schmitz und Dr. rer. nat. F. Schmitt, Bonn
Die Verwendung des Magnetbandgerätes zur Speicherung des Kurvenverlaufs elektrischer Ströme
1958, 56 Seiten, 35 Abb., DM 17,65

HEFT 520
Prof. Dr.-Ing. H. Opitz, Dipl.-Ing. H. Obrig und Dipl.-Ing. P. Kips, Aachen
Untersuchung neuartiger elektrischer Bearbeitungsverfahren
1958, 44 Seiten, 35 Abb., 2 Tabellen, DM 14,70

HEFT 522
Dr.-Ing. J. Lorentz, Bonn und Dr.-Ing. K. Brocks, Mülheim/Ruhr
Elektrische Meßverfahren in der Geodäsie
1958, 108 Seiten, 49 Abb., 5 Tabellen, DM 28,—

HEFT 523
Dr.-Ing. K. Eberts, Duisburg
Entwicklungen einiger Meßverfahren und einer Frequenz- und amplitudenstabilisierten Meßeinrichtung zur gleichzeitigen Bestimmung der komplexen Dielektrizitäts- und Permeabilitätskonstante von festen und flüssigen Materialien im rechteckigen Hohlleiter und im freien Raum bei Frequenzen von 9200 und 33000 MHz
1958, 122 Seiten, 37 Abb., DM 30,20

HEFT 535
Dr.-Ing. J. Lennertz, Köln
Einfluß des Ausbaugrades und Benutzungsgrades nachrichtentechnischer Einrichtungen auf die Gesamtwirtschaft
1958, 266 Seiten, Tabellen, DM 42,—

HEFT 550
Dr. H. Stephan, Bonn
Elektrisches Standhöhenmeßgerät für Flüssigkeiten
1958, 26 Seiten, 13 Abb., 2 Tabellen, DM 10,10

HEFT 554
Prof. Dr.-Ing. H. Müller, Essen
Untersuchung von Elektrowärmegeräten für Laienbedienung hinsichtlich Sicherheit und Gebrauchsfähigkeit. — Teil II: Temperaturen an und in schmiegsamen Elektrogeräten
1958, 56 Seiten, 18 Abb., 22 Tabellen, DM 16,70

HEFT 596
Dipl.-Ing. K.-H. Hardieck, Aachen
Theoretische und experimentelle Untersuchungen der stationären Vorgänge in magnetischen Verstärkern
1958, 74 Seiten, 58 Abb., DM 20,20

HEFT 605
Ing. L. Bommes, M.-Gladbach
Bestimmung von Leistung und Wirkungsgrad eines Ventilators
1958, 46 Seiten, 29 Abb., 3 Tabellen, DM 12,60

HEFT 615
Prof. Dr. W. Weizel und D. H. Whang, Bonn
Stromverteilung auf der Kathode einer Glimmentladung in Spalten bei hohen Drucken und abseits stehender Anode
1958, 28 Seiten, 16 Abb., DM 8,80

HEFT 616
Prof. Dr. W. Weizel und W. Ohlendorf, Bonn
Die Glimmentladung in spaltartigen Entladungsräumen
1958, 38 Seiten, 18 Abb., DM 10,70

HEFT 622
Prof. Dr. W. Franz, Münster
Theorie der Elektronenbeweglichkeit in Halbleitern
1958, 40 Seiten, 9 Abb., DM 10,80

HEFT 642
Dr.-Ing. H.-J. Eckhardt, Essen
Die dielektrische Trocknung bei erniedrigtem Luftdruck mit Beiträgen zum physikalischen Verhalten der Mischkörper
1958, 66 Seiten, 24 Abb., DM 17,10

HEFT 663
Dr. H.-Chr. Freiesleben, Düsseldorf
Vergleich von Funkortungsverfahren an Bord von Seeschiffen
1958, 20 Seiten, DM 6,20

HEFT 694
G. Hergenhahn, Bonn
Die Bahn des künstlichen Erdsatelliten 1958 Delta 2
1959, 44 Seiten, 10 Abb., 1 Tabelle, DM 12,60

HEFT 724
Prof. Dr. G. Eckart, Dr. F. Gimmel, Th. Conrady und B. Scherer, Saarbrücken
Sonderfragen bei Breitband-Schlitzantennen
1959, 32 Seiten, 3 Abb., 4 Kurvenblätter, DM 9,40

HEFT 756
Prof. Dr.-Ing. R. Brüderlink und Dipl.-Ing. H. Jansen, Aachen
Drehstrom-Gleichstrom-Steuersatz mit Trockengleichrichter in Einwellen- und Zweiwellenanordnung
1960, 119 Seiten, DM 35,80

HEFT 784
Dipl.-Ing. W. Sackmann, Essen
Untersuchung elektrischer Aufladungserscheinungen an Gasströmungen
1959, 28 Seiten, 15 Abb., DM 9,—

HEFT 786
Prof. Dr.-Ing. P. Denzel, Aachen
Untersuchungen über die Möglichkeit der selektiven Erdschlußerfassung durch Messung des im Erdseil von Freileitungen fließenden Nullstroms
1960, 72 Seiten, 40 Abb., DM 19,90

HEFT 824
Dr.-Ing. K. Lauterjung, Aachen
Untersuchung symmetrischer Hochfrequenzleitungen
1960, 74 Seiten, 10 Abb., 1 Tafel, DM 21,50

HEFT 825
Ltd. Reg.-Dir. Dr. H. Gabler und Reg.-Rat Dr. G. Gresky, Hamburg
Untersuchung örtlicher Rückstrahler auf Schiffen, vorzugsweise im Grenzwellenbereich, mit dem Sichtfunkpeiler
1960, 60 Seiten, 50 Abb., 3 Tabellen, DM 18,70

HEFT 835
Dr.-Ing. C. Kleegrewe, Mülheim/Ruhr
Bau eines Wolkenradargerätes zur gleichzeitigen Messung bei 3,2 cm und 0,86 cm Wellenlänge
in Vorbereitung

HEFT 836
H. Borchardt, Mülheim/Ruhr
Physikalisch-technische Grundlagen der meteorologischen Anwendung von Radar nach Erfahrungen mit der Wetterradaranlage des Institutes für Mikrowellen in der Deutschen Versuchsanstalt für Luftfahrt e. V. Mülheim-Ruhr
1960, 139 Seiten, 59 Abb., 5 Tabellen, 4 Tafeln, 5 Bildserien, DM 39,90

www.ingramcontent.com/pod-product-compliance
Lightning Source LLC
Chambersburg PA
CBHW052136100426
42873CB00018B/418
* 9 7 8 3 6 6 3 0 6 1 1 2 0 *